大自然未解之谜

本书编写组◎编

DAZIRAN
WEIJIE ZHIMI

世界图书出版公司
广州·北京·上海·西安

图书在版编目（CIP）数据

大自然未解之谜／《大自然未解之谜》编写组编 . —
广州：广东世界图书出版公司，2010. 10 （2024.2 重印）
ISBN 978－7－5100－2827－4

Ⅰ．①大…　Ⅱ．①大…　Ⅲ．①自然科学－青少年读物
Ⅳ．①N49

中国版本图书馆 CIP 数据核字（2010）第 196665 号

书　　　名	大自然未解之谜	
	DAZIRAN WEIJIE ZHIMI	
编　　　者	《大自然未解之谜》编写组	
责任编辑	左先文	
装帧设计	三棵树设计工作组	
出版发行	世界图书出版有限公司　世界图书出版广东有限公司	
地　　　址	广州市海珠区新港西路大江冲 25 号	
邮　　　编	510300	
电　　　话	020-84452179	
网　　　址	http://www.gdst.com.cn	
邮　　　箱	wpc_gdst@163.com	
经　　　销	新华书店	
印　　　刷	唐山富达印务有限公司	
开　　　本	787mm×1092mm　1/16	
印　　　张	10	
字　　　数	120 千字	
版　　　次	2010 年 10 月第 1 版　2024 年 2 月第 12 次印刷	
国际书号	ISBN　978-7-5100-2827-4	
定　　　价	48.00 元	

前　言
QIAN YAN

　　我们生活在一个神奇的地球上，它是由大自然组成的充满神秘且未知的世界。它有趣而复杂，它奇异且多姿，它不仅为我们提供了赖以生存的空间，展示了一个不可思议的传奇世界，且提供给我们一个永无止境的探索领域。

　　自诞生之日起，人类在不断的思索、探索、揭示和解释的过程中不断地自我完善、提高认识、增长智慧，从而不断得以启示和进步，从而推动整个人类社会不断向前运行。

　　我们可爱的祖国，地大物博，自然资源极其丰富。了解和认知大自然，走进大自然，是必不可少的课程之一。

　　为满足人们此种不断进取、求索的需要，不断迎合人们增长知识、开阔眼界、启迪思想的需要，引导人们从现在尚未探明的或尚未认识的事物中寻求点点线索、思路和灵感，由成此书。

　　本书在大量的资料中为读者提供了部分关于宇宙、关于动植物、关于自然现象的精华叙述，融科学、有趣、知识、新奇为一体，从而奉献给读者大自然无处不在且令人叹为观止的谜题。

　　这里你会了解到茫茫宇宙的神奇，例如月亮的潮汐；

　　你会接触到千奇百怪的植物，例如"会说话"的树，霸王花，植物有情绪吗等谜题；

　　你会了解到花样繁多且各怀绝技的动物，也许它们所具备的技能连人类自身都自愧不如；

你还会知晓光怪陆离的自然现象，关于恐怖的雪崩、关于火山爆发、关于海上的流浪汉——冰山；

......

所有的这些，等你阅读完毕，在饱受知识的滋养之外，不禁会感慨人类的渺小，感慨自然界的博大与神奇。

种种引人入胜且回味无穷的奇观奇事牵连着无数个已解或未解的谜题，引来无穷尽的思考和幻想之后，将驱使读者不停地追寻与探索。

而需要强调的是，在此之外，一种人文的精神也应该获取，那就是自然是有意识的，自然给予我们的已经很多，我们人类应该同等众生，尊重一树一花一个生灵，平等地对待地球上的一切生灵，这才是人类最本真的作为所在。

让我们与大自然和谐相处，与大自然同呼吸、共命运，在共同发展中走向更美好的未来！

目 录
CONTENTS

有生命篇

无生命篇
WU SHENG MING PIAN

江河湖海，风雨雷电，泥石流、火山爆发，所有这些自然现象构成了我们赖以生存的大千世界。在多姿多彩的自然现象背后究竟隐藏着多少我们未知的谜团？走进叙述，探索未知，揭示谜题。

圣泉救人

在法国比利牛斯山脉中有一个名叫劳狄斯小集镇。集镇附近遍布岩洞，其中一个岩洞后有一道泉水，飞珠溅玉，终年不息，这就是闻名全球的神秘的"圣泉"。

圣泉是怎样为世所知的呢？这里还有一段以假当真的民间传说。1858年，有个名叫玛莉·伯纳·索毕拉斯的女孩进入劳狄斯一个岩洞里玩耍，忽然圣母玛利亚在她面前显圣，告诉她洞后有一眼清泉，并指引她前往洗一下手和脸。最后，圣母叫她转告牧师们在那里

比利牛斯山

盖一座教堂，言罢倏然不见。就这样，泉水被涂上了一层神秘的宗教色彩。而那个女孩呢？据说在她以75岁的高龄去世时即以圣伯纳婭的名字跻身于圣徒之列了。

这一传说自然是无稽之谈，然而100 多年来，前来圣泉求医祈福的人却络绎不绝。它的吸引力远远超过了穆斯林圣地麦加、天主教中心罗马和伊斯兰教、犹太教及基督教的发祥地耶路撒冷。据统计，每年约有 430 万人去劳狄斯，其中不少人是身患沉疴，甚至是病入膏肓已被现代医学宣判"死刑"的病人。他们不远千里来到这儿，仅在圣泉的水池内洗个澡，便能病情减轻，有的竟是不药而愈！

有个意大利青年，名叫维托利奥·密查利，21 岁应征入伍不久，发现左腿持续疼痛，于是进凡罗纳医院治疗。活组织检查诊断为一种罕见的癌症，癌细胞已破坏左髋骨部位的骨头和肌肉。该医院便将他转到特兰德军医院，军医院也无能为力，又将他转至博哥肿瘤中心医院。肿瘤医院对他作了进一步检查，不得不宣告他已无药可救，而且预言他至多只能再活 1 年。就这样他又被送回到特兰德军医院。

在那里，他住了 9 个半月的院，左半侧从腰部至脚趾打上石膏。X 光透视发现其髋骨部继续在恶化，左腿仅由一些软组织束同骨盆相连，看不到一点骨头成分。

1936 年 5 月 26 日，他在其母亲的陪伴下，经过 16 小时的艰难旅程到达劳狄斯。第二天便去圣泉沐浴。

圣泉的接待人员很多，他们大都是圣泉使之恢复健康的人们。病愈后自愿一年一度来此充当义务护理员。密查利由几名这样的护理员脱去衣服，光着身子被浸入冰冷的泉水中，但打着石膏的部位却未浸着，只是用泉水进行冲淋。奇迹出现了，打这以后，密查利开始有了饥饿感，而且胃口之好是数月来所未有过的。从圣泉归家后仅数星期，他突然产生了从病榻上起身行走的强烈欲望，而且果真拖着那条打着石膏的左腿从屋子的一头走到另一头！此后几个星期内，他继续在屋子里来回走动，体重也增加了。到了年底，疼痛感竟全部消失。

1964 年 2 月 18 日，医生们为他除去左腿上的石膏，并再次进行 X 光透视。当放射科医生将片子送来后，医生们还以为片子拿错了，因为片子上明白显示出那已完全损坏的骨盆组织和骨头竟然出人意外地再生！4 月，密查利已能行动自如，参加半日制工作，不久便在一家羊毛加工厂就业。这一病例，现代医学尚无法解释。1971 年 6 月，法国《矫形术外科杂志》对此作了报道。后来，密查利结婚，并当上了一名建筑工人。

像这样的病例并非个别。据报道，在 124 年中，为医学界所承认的这样的医疗奇迹就达 64 例。这 64 例均经过设在劳狄斯的国际医学委员会严格审定。该机构由来自世界 10 个国家的 30 名医学专家组成，各个专家均是某个专科的权威。

科学家们当然不会相信"圣母降恩赐福"这一荒诞之说，法国著名生物学家、诺贝尔奖金获得者艾列克赛·卡罗尔博士认为，这是心理过程和器官过程间的联结，使一些原属不治之症得以痊愈，因为去劳狄斯的病人大都是虔诚的宗教徒。有的医学家则认为，很可能有些病症并非是不治之症，纯粹是误诊罢了，故而在圣泉沐浴后便不药而愈了。不过这一怀疑似乎论据不足，因为病人的先前病史和诊断均曾经过严格的核实，涉及数百名医生、医学研究人员，往往历时数年之久呢。

那么，圣泉这种"起死回生"的奥秘究竟何在呢？随着现代医学的不断发展，我们相信，人们一定能剥去圣泉的扑朔迷离的宗教外衣，揭示它的本质，从而解开这个谜。

喀麦隆风光

死亡迷雾

1986年8月21日下午9点半钟，非洲西部的喀麦隆，在静止的莱俄斯湖水下屏息了约1000年之久的死亡气体突然喷入大气，这种有毒的气体在湖上连连发生爆响，毒气借助于风散播到周围的村庄。

毒气弥漫着约4.8千米范围内的许多村庄，人们拼命地奔跑，试图从毒气中解脱出来。难以忍受的酷热使得许多人脱掉了自己的衣服，还有一些人在静静的睡眠中或在餐桌上窒息而死。

惨不忍睹的打击发生后的6天里，数百名烧伤的幸存者在等待着援救，1700多人死于这场灾难。一个有1300多人的村子里，仅有4人幸存下来。

这是一宗罕见的地质事件，但是与湖有关的神秘的窒息症，过去曾有过报道。

与莱俄斯湖位于同一个大山脉，而距离该湖96千米的莫莱恩湖，也发生过一次类似的奇怪事件。在对莱俄斯湖事件进行了研究之后，一组美国科学家认为，这场灾难可能是由于滑坡或者地球的轻微震动而引起的。他们还认为，释放出来的主要气体可能是二氧化碳，二氧化碳本身是无毒的，它使人窒息而死的原因是它降低了空气中氧的含量。

喀麦隆的湖泊看起来与世界上其他熄灭火山顶陷穴里形成的湖并无两样。火山口形成的湖通常很深，大约90米以上，由于年长日久，湖底逐渐聚集了厚厚的沉积物，使有机物质逐渐腐烂。

"当水藻和微生物体死了以后，"纽约州立大学的地质学家托马斯·多诺尼解释道，"它们的残余物最终掉到了湖底或者海洋底部，并且在那里开始腐

烂，在腐烂分解的过程中，它们消耗水中的氧气，产生了二氧化碳气体。"

恐怖气体

在二氧化碳气体逐渐生成的过程中，它暂时地溶解在水中，或者寄居在岩石空隙里，受限于水的压力之下，这与一瓶苏打水中的气体很相像。当压力减少时（可能是因为热迫使气体上升），气体就立即释放出来。

二氧化碳与泉水、苏打汽水、香槟酒和其他碳化液体里起泡的气体是同一物质。由于二氧化碳比空气重，因而它紧紧地依附在地面上，慢慢地扩散开来。这就是它为什么只对莱俄斯湖周围山谷里的人造成危害。

1984年莫莱恩毒气事件发生后，科学家们从湖底取出了含有二氧化碳的水样，所受压力很大，以致水样呈现浑浊状，类似于苏打汽水那样起泡。虽然二氧化碳可能是莱俄斯湖事件的主要原因，但同时别的气体也造成了危害。

但科学家们认为，可能在莱俄斯湖灾难中含有另一种更加危险的气体：硫化氢。

所有的火山岩浆里都含有二氧化碳和硫化氢。这种气体闻起来像臭鸡蛋味。平常，从岩石断层中、裂缝中和地球的温泉中溢出的化合物是无害的；但是，随着岩浆上升到地球的表面，溶解在岩浆中的气体形成了气泡向上喷发。科学家们认为，在莱俄斯湖底的淤泥中含有硫化氢以及二氧化碳气体。

但是，究竟是什么力量使这些气体从湖底突然喷发呢？

按照多诺尼的解释，火山的热量可能已使得湖底的水温逐渐上升，引起了湖水的突然激荡。他认为，湖水在数百年的时间里保持平静是因为有密度层理。

"在一些湖中，因为温度较高的水较之温度较低的水密度小，因而形成了层次，"他解释道，"在世界的温度范围内，寒冷的天气和风暴帮助湖水和池水每天至少激荡一次，对水的各温度层起到搅拌作用，使水温趋于一致，并频繁地释放出集聚在湖底的气体。"

但是深湖由于其特殊的形状，使湖水保持平静或者激荡进行得不彻底。莱俄斯湖位于赤道附近，其表面温度在一年四季里变化很小，湖底的气体不能释放出来，年复一年，越来越多的气体就驻留在湖底的沉积物中，湖水受到的压力越来越大，直至其极限，只要受到某些激荡震动，就引发了气体的喷发。

火山放出的二氧化碳在历史上曾多次对人和动物造成危害。公元62年，罗马哲学家西尼卡记述了维苏维尤斯火山上羊群的神秘死亡事件。

二氧化碳云雾有时使得成群的羊窒息而死，但奇怪的是却不伤害牧羊人，这是什么缘故呢？可能是由于比重不同。比重较大的毒雾局限在地面上数米的地方，牧羊人的头部相对位置较高，足以保持在使人窒息的气体之上。在冰岛，农场工人被告诫不要让羊过多地在山谷里停留，因为当有二氧化碳和其他气体喷发时，地势低矮的山谷里将充满气体。

现在科学家们正在着手计算火山湖中的二氧化碳的含量和找出监测的方法来，以防止再次发出类似的灾难。另一个解决办法是告诫人们远离那葱翠碧绿的火山口。

奇异的地震云

有人认为，天空中奇异的云影，往往是地震发生的前兆。早在320多年前，我国民间就有这样的看法，例如《隆德县志》就明确记载："天晴日暖，碧空清净，忽见黑云如缕，宛如长蛇，横亘天际，久而不散，势必地震。"

1948年6月27日，日本奈良市的天空，突然出现了一条异常的带状云，好似把天空分成两半。此怪云被当时奈良市的市长健田忠三郎看见了。第三天，日本的福井地区真的发生了7.3级大地震。健田忠三郎把这种"带状"、"草绳状"或"宛如长蛇"的怪云，称为"地震云"，认为"地震云"在天空突然出现后，几天内就会发生地震。

健田忠三郎的论断，得到了日本九州大学工学部专门从事高空气象学研究的真锅大觉副教授的支持，并试图从理论上给予解释。

1977年，真锅大觉副教授在日本气象学会上发表演说认为，临震前，地球内部集聚起巨大的能量，地热会增高，从而促使近地层气流上升，升到一定高度后，其中水汽冷凝，可以形成一条细长的稻草绳状的"地震云"。

地震云

1978年1月，健田忠三郎在奈良市商工会议所五楼礼堂讲话时，突然看到窗外天空中飘动着一条细长的由西南伸向东北方向的红云，他立即停止讲演，向参加会议的大约300多人宣布，那就是"地震云"！云的上浮力量很大，正要突破其他云层。

"地震云"有时呈白色，有时呈黑色，这次因为发生在黄昏，所以呈红色，他估计在2～3天内，将发生相当大的地震。

结果第三天在日本东京以南，伊豆群岛的大岛近海发生了7级地震，与健田忠三郎的预测基本相符。

据《地震云》一文介绍，近几年来，我国曾多次发现"地震云"，并得到了印证。例如1978年2月20日6时10分左右，我国秦皇岛港务局一位同志看到秦皇岛市与燕山之间上空，有一条十分明显的细长状云，颜色洁白，像一条索带横跨长空，自北东朝南西方向飘移,他立即拍下此云的照片,从云的形状来看,与日本学者拍摄的"地震云"照片一样。观测到此云的次日,我国果然发生了一次 5.4 级地震。

自 1979 年以来,我国的科学工作者曾定时、定点、定方向地连续观测云空,宣称多次拍摄到"地震云"照片,并说已经证明,"地震云"在天空中出现后的几天内,真的发生了地震。

有些科学家对"地震云"形成的原因,提出了许多假设和论述,有的从震源电磁场理论来进行探讨。他们肯定"地震云"是地震发生的前兆。

但世界上有许多科学家对"地震云"的论断持怀疑甚至完全否认的态度。他们认为,天空的云彩与地震的发生之间没有什么联系;所谓"地震云"在天空出现后几天内会发生地震的说法,是牵强附会的解释,只是偶然的巧合,没有必然的规律。所谓"带状"、"草绳状"或"宛如长蛇"的云,都属于正常的气象成因,是大气中变幻无穷的现象,与地震没有对应关系。他们肯定任何云影都不是地震发生的前兆。

真的有"地震云"吗?它是怎样形成的?它是地震发生的前兆吗?这些问题至今仍是一个无法弄清楚的谜。

达摩面壁石

在闻名中外的河南嵩山少林寺,有块神秘的"达摩面壁石"。它吸引了古今中外许多游客,令人崇敬和遐思。

面壁石

面壁石的后面有一块石碑,上刻着道光戊申年间萧元吉撰写的碑文《面壁石赞》。这块面壁石相传是我国佛教禅宗祖师、南天竺僧人达摩,在公元 520 年来中国后,在崇山五乳峰石室(即后人称为达摩洞)中,面壁修炼 9 年,以至精灵入石,在石壁上留下了整个人影像。禅宗能达到"精魂入石形影在"的境界,是很难令人相信的。但这块达摩面壁石的存在确是真实的,被视为少林寺的传世珍宝,岁岁供奉,成为耐人寻思之谜。

据有关资料和实地考察,达摩洞属寒武系石灰岩,白灰色的石灰岩被碳质浸染,形成各种墨色花纹。在这样的石洞中出现一块似人形花纹的天然图像石块,是有可能的。

据《登封县志》记载："石长 3 尺有余，白质墨纹，如淡墨画，隐隐一僧背坐石上。"

明代文学家袁宏道写道："石白地墨纹酷似应真（罗汉）像。"以上描述与达摩洞的石质颇为一致。

清代姚元之所著《竹叶亭杂记》中说：看面壁石上的影像"远近高低各不同"，"向之后退至五六尺外渐着人形；至丈余俨然一活达摩坐镜中矣。"

古代也有人认为"达摩面壁石"中的影像，是用"螺烟渗石"而成的"石画"。宝石的改色、大理石的彩绘是近代发展起来的新工艺。1000 多年前，人们是否已掌握了岩石绘画工艺，让彩墨渗入石内混为一体的技巧，就难说了。

遗憾的是，那块"照石瞻遗像"的达摩面壁石，早在 1928 年被军阀石友三火烧少林寺时，被焚毁。原石已失，面壁石上的达摩影像究竟如何也就成了千古之谜了。

如今我们在少林寺所看到的，是 1980 年由人工复制的"面壁石"，这才是用现代大理石彩绘工艺绘制的"石画"。不论是火成岩、变质岩和沉积岩，它们上边的花纹图案，均是由各种元素、矿物、生物遗体浸染而成的。由各种物质汇聚的物体，才能形成鲜艳的、花花绿绿的、欣欣向荣的境界。

"鬼魂战争"

时而在落日的黄昏，时而在浓雾消散，时而在混浊的天际，不少人都曾经见过鬼魂的战争：有时有一个步兵团向他们走过来；有时一个炮兵团走过去；有时出现两军酣战厮杀的场面……这是人们的幻视，还是云层中的折射？这是一个至今尚未揭开的自然之谜。

这位躺在留守医院病床上的兰开夏的士兵，举止上没有任何异常情况，眼神里也没有半点迷糊的迹象。他是刚刚从法国维特里勒弗朗索瓦那儿收下的伤号，伤势并不严重。

"大姐，"他对给他包扎的护士说，"您有圣乔治画像或纪念章吗？"

"不，我是美以美会教徒。不过……"

他以一种非常平静的口气说，在盟军撤退的时候，他看见圣乔治骑着白马，在维特里勒弗朗索瓦指挥英国人，这次战役发生在 1914 年 8 月底。那时候正好是法军与英军第二团撤退的时候。自那以后，菲利斯·坎贝尔小姐亲眼看到大批英国、法国、比利时的伤兵拥至医院，其中还夹杂一些德国兵。但是这样的幻视的故事，她还是第一次听说。莫非是那个士兵胡言乱语？不，因为另一个伤病员证明他的话完全是真的。

"他就坐在地上，"菲利斯·坎贝尔小姐追忆说，"坐在他身边的是一个腿部受伤的德国兵。他激动地拉着我，急忙对我说：真的，我们都看见。起先是幕布般的黄雾横在德国人面前。那时候德国人已经到了山顶……当幕雾消失后，我们看见了一个身材高大、一头金发的男子，穿着金质的盔甲，骑着一匹白马，手持长剑，张着嘴，仿佛在喊："来吧，孩子们，你们即将看到我将如何来处理这批魔鬼。'这个伤兵又补充道，那时候德国骑兵停止了追击，恐惧地扭转缰绳跑了。"

这两个伤兵确信这是他们亲眼看见的，于是这位 21 岁的菲利斯·坎贝尔小姐立即向院长达某夫人报告了这件事。

这位夫人没有轻视这件事。她请 6 个由她管辖的红十字会的护士听取病人们的叙述。据一位亲眼看见他们——1 位高级军官，1 个神甫，几个比利时兵、法国兵和 3 个爱尔兰警卫兵的人说，他们都看见过这位古代的武士。

他们在战场上看到过他的各个侧面。在德国人败退时，他们都看到过那阵黄雾。对法国人来说，这不是圣乔治，而是圣女贞德，她前来拯救他们，她喊道："前进！"可是对另一些人来说，他便是大天使圣米赛尔，他在高呼："胜利了！"

这一则发表在英国报纸上的消息引起了人们的种种议论。奇怪的是菲利斯·坎贝尔小姐在战后认识了一个德国护士。1914 年，这个护士正在波茨坦一家医院内工作，也听到过类似的叙述：那时他们团正要攻打英国人占领后的一个山头，这时一个神奇的巨人跃马扬剑威胁他们，迫使他们折回。

就在这位传奇式的武士出现后的一两天，在法国同一地区的混浊不清的天际，人们看到了一个栩栩如生的现象。

8 月 28 日夜里，一个英国准将和他的战友看到天上出现一道亮光，接着又出现了一些装束奇特的、像要展翅飞翔的人们，身上仿佛裹着下垂的帷幔一般。

在这件事的头一天夜里，亦即在使英军死亡 1600 人的可怕的卡托战役之后，有一个军官和他的士兵向圣康坦走去，发现途中有一队鬼魂骑兵与他们间隔不远平行地护送着他们。这位不知所措的军官立即派人前去探明此事。待他们走近时，整个护送士兵顿时不见了。

战争弄昏了这些士兵的头脑。但是应该指出的是，这类神奇的人物出现在空中在各时代的世界史上都有过记载。

塔西特曾经这样写过："人们看见天边有人喊马叫，刀光剑影……"老普力纳和铁特·利夫也记述过类似的怪事。当法国人还在佩潘勒布雷夫统治的时候，人们也看到过鬼魂之战。18 世纪在诺让勒罗特鲁也有过此事。

这样的事例多不胜举……这儿我们来说一件更怪的怪事。这件事在安贝尔·德比利普的《可怕的瞬息即逝的怪事及奇妙的幻视概述》一书中有过记载。这个幻视出现在 1577 年 6 月 28 日汝拉山区的一个名叫圣阿姆的村子里。

"大约在太阳落山后一个半小时光景，村里的男女老少都看见了，……天边出现了一群人手持剑及匕首，像蜗牛一般迂回走向北方……"

过了片刻，一阵迷雾包围了这些罕见的兵士。当浓雾散去之后，"天边出现了三个武装的勇敢强壮的战士"。他们在酣战，但是没有受伤的样子。停息片刻之后，他们用手往肚子前一贴，表示敬意，于是另一阵浓雾把他们卷走了。

现在再来讲一讲有先兆的幻视。这也是真有其事。这个幻视发生在真事的前十几二十天。情况是这样的：

1574年2月1日到2日夜里。5个乌得勒支警卫兵看见头顶上发生着一场奇怪的战斗。那时两军正在交锋。一军从西北方向开来，另一军从东南方向冲来。一场厮杀开始了，但是突然在一次新的交锋下不见了。这个幻视也消失了，天空留下了一个长绵绵的血迹。

第二天这几个震惊的士兵向上级报告了这件事。乌得勒支地方司法官询问了他们，记下了他们发誓说完全属实的口述。虽然人们查阅了一些占卜书籍，但是谁也不明白这场鬼魂之战的真正含义。

但是在2月23日爆发了流血的莫克之战。由达阿维拉公爵指挥的西班牙军从东北方开来，被纳索的亨利与路易的大军击退。不久，前者又投入战斗，最后取胜。这一切完全与上述的幻视一样，只是偏南100多千米。

与此恰恰相反的是，在英国沃里克发生的埃奇·希尔之战的场面在天空中出现过多次。这次战役阵亡的战士都埋葬在这儿。1642年12月23日半夜12点到1点之间，有些牧羊人、农民和旅行者目睹皇家军被议员党人击败时的情景。皇家军的战旗及对方的战旗都历历在目，这次战斗延续了3小时之久。

后来目睹者们一齐去找凯东地区的审判官伍德先生。后者被说服了，决定在他的邻居牧羊人马夏尔陪同下前去上述搏斗地点。出于好奇心，当地的贵人们也跟着去看热闹了。

真是奇怪！第二天夜里，亦即星期天的圣诞夜，两军又在天边出现了，展开了一场搏斗，还伴随着地狱般的响声。

这个夜间的怪事顷刻传到四乡。第二天晚上这儿人山人海，可是什么也没有出现。翌日还是如此。以后是每逢星期六、日就出现酣战的场面，此后又是一片荒凉、寂静的苍穹。

紧接着的那个周末，两军又一次交战。当时在牛津的查理一世得知此消息时十分惊奇，大家都在猜疑。查理一世于是派刘易斯·柯克上校、达德利上尉、温曼上尉与他的3个随从长官前去该地调查。

这些代表不仅亲眼看见了这场格斗，而且还认出了一些将领。在他们中间有2个月前在埃奇·希尔战役中阵亡的爱德蒙·瓦内陛下。

国王的6个代表又回到牛津，叙述了他们所见到的一切。这件事就从此结束。后来在凯东的上空再也没有出现任何战斗的场面。

大约在150年之后，德文杂志《可憎的朋友》发表了一个惊人的报道：

"在1785年年初，在乌耶斯特（属于上西西里亚的奥佩伦县的格罗斯特里兹专区）附近，发生了一些使普鲁士和整个法国议论纷纷的怪事。这一年的1月27日下午3点多钟，50来人在田里干活，突然发现1个步兵团排成3行向他们走来，前边2个是戴着红帽子的军官。走到某一点，他们停了下来。第一排士兵举枪向农民们射击，但是没有一点枪声，只有一股浓浓的黑烟从行列中升起。浓烟消失后，人们在步兵们的位置上看到了骑着马的轻骑兵，片刻后，他们也跟着不见了。2月3日早晨8点左右，400个农民在老地方又看见了这些士兵。其中有一个'英俊的鬼魂'骑马向他们冲来，农民们往后退，看见他停步在穿着各色制服的兵士中间，可是他什么也没有看见。同月15日，这一场面又出现在30个人面前。听到这个消息的冯·萨斯将军立即派遣一个支队前去闹事地点。他们刚到那儿，鬼魂战士也出现了。这个支队的指挥官猛刺马向他们冲去，这时一个骑马的军官也立即离开鬼魂的行列，迎支队指挥官走来，双方相互敬礼。但是当普鲁士指挥官询问对方是何人，有何贵干的时候，对方没有回答。当他正要举枪射击时，对方突然不见了。"

应该指出的是这些与"第三种人相遇"的怪事发生在光天化日之下。

1815年6月，在滑铁卢战役后不久，离这个著名的平原东侧100多千米的韦尔维埃的居民们曾看见天边有一个炮兵团列队走过，其中还有一辆炮车破烂不堪，甚至连车轮都快要掉出来了。

这一次是在20年之后，在英国的曼迪斯田野的上空，傍晚5点钟光景，一个团的士兵打这儿经过，骑兵们手持战刀，一会儿是6列行进，一会儿又列成2行出现在宁静的天边。

沃尔特·司各特在他的《魔鬼研究》一书中曾叙述过这样一件事："一大批士兵在空中行军，他们沿着河边互相碰撞，接着他们消失了，让位于另一队空中士兵。下午我接连去了3次，我发现有2/3人看到过这现象，而另外1/3的人什么也没有看见。那些看到过的人还能描述出这些士兵用枪搏斗场地的长度与宽度以及剑柄与帽子的飘带等东西的模样。"

1871年2月初，一些持枪骑兵在搏斗，马蹄掀起了一场雪暴。这个场面延续了2个小时左右。有两个目睹者向骑兵走去，抄到他们的背后了，但是他们什么也没看见。接着他们又回到其他人身边，这样又重新看了这些战士。此事发生在德法战争期间，地点是波兹南的戈拉兹。可是它与任何人们所知道的战役都对不上号，不过神甫格里莱夫斯基以他的名誉起誓，这次幻视完全属实。

热罗姆·卡丹的叙述又使人们掉进了诗感般的境界。大约在1550年，他正在米兰。城里人在传说着一件怪事：有个天使在空中飞翔，大家都看见了。

这完全属实。这位穿着长裙在天际遨游的人物的形象十分清晰。有一位比较精心的目击者说，它就是圣戈达教堂钟楼上的石刻天使。这种云彩折射现象的确不多见。

过了1个世纪，在维兹莱，居民们也看到了一个奇迹：天上有个巨人挥舞着他的长剑。德斯卡尔长老说，这是教堂钟楼上的圣米赛尔塑像的翻版。

但是人们总不能作如此简单的解释。对于这些无法解释的现象显得无能为力的人最后只好去求救于教廷。在18世纪,教皇贝诺瓦十四面对着这么多的见证人也不禁兴奋起来。虽然他是更加相信奇迹,但是从自然科学与历史学的发展观点来看,他不能不担忧奇迹的可靠性。为此他规劝他们不要听从那些荒谬的解释。"不过,云层中常常会发生折射现象……"他是这样在他的主教札记里写道。

但是有时候云彩既不折射又不掩饰。又是一件怪事!一个兵团的人马在云彩后边蒸发了……!这绝不是胡言!1915年8月21日早晨,诺福克第五兵团在土耳其北部的西米塔山地不远处行军。这个兵团是属于英国远征兵团,负责夹攻达达尼尔海峡。此时,这个不到400人的兵团正要去和刚刚登陆的澳大利亚的一营人会师。

守卫在附近山头上的新西兰士兵们注视着英国人的举动。那天天气热得让人不能忍受。高地上空,全是一片蓝色。新西兰士兵从一清早就发现有一片奇雾纹丝不动地悬在空中。此雾是那样浓密,以至于可以反射太阳光。它大约长250米,厚50米。这片浓雾上空约有6~8片大云彩,它们也是从一清早起就挂在天边。

一个名叫赖克哈德的新西兰士兵在附近的另一个山头上也目睹着这一自然景象。那天微风拂拂,可是云彩与浓雾寸步不移,更没有散开。这怎能叫人不奇怪呢?这时英国人列成8行走了过来。

"看他们是否敢走进去?"工兵赖克哈德对战友说。

"为什么不敢?这又不是使人窒息的气体。"

这时22个新西兰士兵在观察所里密切地注视着诺克福第五兵团的举动。这时英国人毫不迟疑地钻进了浓雾,之后不见了。按理说他们在几分钟后便能走出迷雾层,可是过了10分钟,仍不见他们的踪影。表针不断地在向前走着,可是他们……

此刻我们可以想象那些窥视英国人的新西兰士兵们的神情。他们简直不相信自己的眼睛!当然英国人在迷雾里休息片刻,躲开别人也未尝不可能,但是他们不能一直待在那儿呵!第五兵团到哪儿去了?

突然发生了一件难以解释的事:这片浓雾慢慢地向天上升去,它的轮廓十分清晰,高地上空也顿时清澈起来。什么人也没有!什么东西也没有!四周是一片荒凉。400个英国人全部蒸发了,好像他们从来就没有存在过一样!地上是光秃秃的,连一件武器的影子也不见。

这时浓雾钻进了高地上空的云堆里,向北方飘去。

后来再没有人见到过诺福克第五兵团。这400个于1915年8月攀登土耳其高地的英国人竟然没有一个幸存者!土耳其投降之后,英国调查了很久,毫无结果,连土耳其军方档案中也从未有过1915年8月21日关于任何英国俘虏的记载。

月亮的种种未解之谜

人类很早就发现月亮对地球潮汐能够产生影响，认识到自然界、人类社会的许多现象都与月亮有关，但在科学技术不发达的远古，这些都是人类无法解

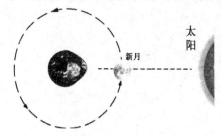

地球潮汐示意图

月 球

开的科学之谜。

今天，人们科学地解释了潮汐现象，也科学地解释了曾经引起古代人惊恐不安的日月食现象。科学的进步甚至使人们能够精密地计算出地球潮汐与浅海海底摩擦引起的地月系统变化——每100年地球自转周期约增加 0.00164 秒，50 亿～100 亿年之后地球上的 1 天将和 1 月相等。然而，近些年来人们所观察和调查到一些月球的运行规律与地球上某些现象有神秘联系，虽然科学家们进行了大量的研究，企图进行科学的解释，却至今没有得到令人信服的答案。

根据天文测定，科学家发现每隔18.6 年，绕地球运行的月亮将发生周期性的倾斜。非常凑巧的是，科学家通过对树木年轮和历史记录的研究后发现：美国密西西比河流域以西的大平原每隔

18.6 年也出现周期性的干旱。研究者追根溯源，断定这种现象不是某种偶然的巧合，而是月球在周期性地影响着大平原的降雨量。人们自然会想到，也许月亮 18.6 年的周期性倾斜引起了类似起潮力的作用。但是通过计算表明，倾斜引起力的变化相当微弱，即使有类似引潮力的作用，也只只会对大平原这样的局部地区产生影响。科学家们从各个角度出发，试图对此作出科学的解释，但至今还没有得到理想的结果。

月亮对地球气候不可思议的影响在世界各地均有报道。某空军基地的科学家在对印度夏天雨季的观测中发现，月亮的运行可以加快或延迟雨季到达印度次大陆的时间。纽约州立大学的几位专家研究了中国北部周期性发生的洪水和干旱，得出的结论是，洪水和干旱的发生与月亮的周期性变化有关，并指出这个周期是 500 年。在南美中纬度地区的

干旱记录中以及日本上空大气压的观测中，研究人员也证实变化的现象所形成的周期与月相的循环不谋而合。

很早以前，一些科学家曾声称他们测到了包括树木和微生物在内的生物有大约与月相的循环周期相似的电节奏。他们将2个相距5米的电极插入树木的生长层。在温度、湿度、气压及其他因素相同的条件下，两电极之间在某段时间里测到了一个奇怪的微弱电压变化。有趣的是，电压的变化在其他时间并不发生，仅仅发生在新月或满月的时间里，也就是说，生物的电节奏遵循月相的变化。

民间传说中，把月亮对植物产生的影响笼罩上了一层神奇的色彩。加州大学一位教授对此进行了长期观察，发现一种鸢尾属的植物开花时间与月相的变化有密切的关系。它只在每月中的两段时间内开花，一个时期是从上弦开始到满月前；另一个是从下弦开始到新月前，它在满月和新月时不开花。

科学家对动物的表现受到月相变化的影响也有所发现。在南非，一种海生动物有着不可思议的繁殖后代的表现。这种动物的产卵时间不在白天，也不在任意的夜晚，而是在满月的时间里。当月光透过水面时，它才从洞空里外出产卵，仿佛只有满月的光辉才能赋予它们以新的生命。

月相的变化与地球生物之间的这些奇妙关系是大自然在造物中偶然形成的巧合，还是孕育于某种暂为人们所不知的科学道理，人们对此众说纷纭。一些

月相变化

科学家认为：自然界的一切生物都在不断发出平稳的直流电脉冲，或者说生物自身存在着一个电场。月相的变化会引起大气中电场的变化，因而也会影响到生物自身的电场。而这种解释遭到了各种各样的反驳，但合理的解释没有伴随着反驳而出现。

月球留给人们的谜还可举出许多：加拿大渥太华的一家天文台曾经声称，其观测到横过天空的月亮引起了时钟计时的误差；麻省技术研究所的研究揭示，月球的运行引起了地球上某些地方的地震爆发。其中有关月相的变化对人们的病理现象和行为的影响，引起了学术界很大的争议。

美伊利诺斯大学一位科学家从研究中发现，人们的某些病理现象伴随着月相的变化而变化。在满月和新月期间，

心脏病人的疼痛加剧，发作的次数也明显增加；在满月期间，心脏病发作更易引起出血。另一位科学家则发现，脑病、癫痫患者在新月与满月期间的发作次数也比平时增多，精神病患者在此期间所出现的问题也较平时频繁。

在对一组大学生的行为研究中，科学家发现在新月和满月期间，一些学生表现得比平时急躁，思想过敏和带有偏见，另一些学生显得比平时行动迟缓，郁郁寡欢；还有一些学生则趋于寝卧不宁，精神紧张。在对美国佛罗里达州某地区 50 年间发生的大约 2000 例凶杀案进行调查后，研究者指出：满月周内的凶杀案较其他时间为多。

回转的气旋

气旋是如何产生的呢？在热带海洋洋面的上空，发生桀骜不驯的大风，这是一个复杂的物理过程；在这一过程中起主要作用的是太阳能。许多学者就是这样认为的。他们认为，这一景象是这样形成的：在飓风的故乡——热带，大量的空气被晒热，洋面上温度可达 27～28℃，同时空气中充满了水汽，由此便产生了强大的上升气流。气流强烈上升，水汽凝结，并且释放出潜热。随着这一过程不断发展和加强，于是就形成了一个独特的巨大"唧筒"，产生这一"唧筒"的地方形成"漏斗"，大量的湿热空气被吸进这个"漏斗"。这一过程就照此方式扩大，愈来愈扩散开去，在

洋面上占据愈来愈大的面积。

我们都看见过，当澡盆里的水从排承孔中排泄时，就会形成水的漩涡。在产生气旋的地方，上升气流也大致与此相类似——空气开始旋转。

巨大的空气"唧筒"继续不断地在工作，愈来愈多的水汽在它那漏斗状的顶端凝结，愈来愈多的潜热也同时被释放出来（美国天文学家们计算过，在一天的过程中，向上升起的水分可能达到百万吨以上——以水汽的形式，靠近地面的空气层不断以这种水汽来充实；凝结时，在 10 天左右所释放的能量，足够像美国这样工业高度发达的国家利用 600 年）。在气旋中心及其附近地区，气压变得不一样了：气旋内气压分布愈向内愈低。而这种急剧的气压变化，也就是不断加强的大风很快变成飓风的原因。在直径 300～500 千米的空间，最强烈的大风开始疯狂地旋转起来。在北半球，它们按逆时针方向旋转，在南半球则是按顺时针方向旋转。

天文学家们还把热带气旋发展区分为若干个阶段，随着不同阶段的替代，其危险性也不断增长。但这种划分当然也是相对的，因为在现实中，这一过程是连续不断的。

当风速达至 17 米/秒时，这时的气旋就叫做热带低压。而当气流的速度超过这一界限时，我们面前就会出现热带风暴，而且风力仍然不断增强。最后，飓风就发挥出了它的全部威力。狂风像挣断锁链的恶魔，摧毁着所经道路上的一切东西。这时，它的速度超过 30 米/

秒。如果它不能达及人口密集的区域，如果它只在辽阔的洋面上恣意横行，那就是不幸中之大幸了。

产生巨大热带气旋"机制"的十分普遍的形式就是这样的，在这种自然现象还未完全被认识以前，它仍然是气象科学中一个最复杂的难解之谜。

比如，还未弄清楚，从温带纬度地区撞入热带的冷气团，是以什么方式在这里加入进去的，加入的程度如何。它们被卷进这一过程中，这一点并未引起许多研究者的怀疑。比如，大家都知道，中国和日本的台风，最常发生在东亚季风交替的时候（春季和秋季），在各种不同气团相遇的锋面上。完全有根据这样认为，热带气旋发生在冷热程度不同的气流相遇的地区。

极光和地光

极光是地球北极和南极特有的自然现象，多出现于高纬度地区。纬度高的国家，如俄罗斯、挪威、加拿大北部平均每年上百次看到极光。

在我国东北地区，有时也可以一睹极光的魅力，20 世纪 50 年代，我国东北边境的漠河和呼玛城一带，就看到几十年少见的极光。这天晚上，只见一团红灿灿的霞光突然腾空而起，眨眼间变成一条瑰丽的弧形光带，从黑龙江上空一直向南延伸，在夜空停留时间达 45 分钟，把我国东北地区映得一片通红。1959 年 7 月 15 日，在我国北纬 40 度以

极 光

上地区也出现过一次瑰丽的极光。从晚上 10 点到次日凌晨 2 点 34 分，极光一直在天空。

古时人们就已经注意到极光。在古代，爱斯基摩人就猜想极光是鬼神引导死者灵魂升入天堂特地点燃的火炬，这当然是没有科学道理的。

对极光的研究，是比较晚的事。因为它主要发生在北极、南极以及周围地区，加上光只能观测，不能收集，所以，在古代是难以进行研究的。极光是怎样形成的呢？极光之源在哪里？一般认为，极光的形成与太阳活动、地球磁场以及高空天气都有关系。太阳是一个庞大的炽热的星球，并不平静，太阳里面不断发生热核聚变反应，释放出大量的能量。太阳活动的结果是向宇宙空间喷射出大量的带电粒子。这些带电粒子像来自太阳的一阵巨风（太阳风），冲进地球外围的大气层。由于地磁场的作用，使它们集中到地球的南极和北极上空。大气中的各种气体分子受到这些带

电粒子的激发，便产生发光现象，这就是极光。但是，把极光说成是太阳风造成的，并不那么确切。因为太阳风总是在不断地刮，按理说极光也应该不断发生，事实上极光又不是经常发生。这又是为什么？这样说来，极光的形成仍是一个没有研究清楚的问题。

地光是在地震前的一段时间里发生的闪光现象。例如 1975 年 2 月 4 日，在我国辽宁海域发生 7.3 级地震。就在这天晚上，海城地区上空弥漫着大雾，能见度很低，公路上的汽车只有打开灯才能勉强行驶。当发生地震时，出现了强烈的地光，使整个天空都变亮了。地光是地震前的征兆。因此，可以根据地光预报地震。

在我国古代就有地光的记载，但是没有揭示地光的成因。到近代和现代，才对地光进行比较仔细的研究，并提出了多种解释。一种认为地光的产生与大气圈、岩石圈和水圈都有关系。地震过程是地球释放能量的过程。由于地球不停地转动，促使地壳中的岩石发生变形。与此同时，岩层也产生出一种反抗变形的力，叫做地应力。随着岩层变形，地应力不断增加，当这些渐变积累到一定程度后，岩石突然破裂和错动，释放出大量能量形成地震波。地震波有高频波和低频波之分。这些波很可能是形成地光的一个原因。也有学者认为，地壳中的岩石在具有较高电阻率的情况下，地震波会使岩石产生高压电场，从而使空气受激发光。也有人认为，深层地下水的流动，也可能使大地产生电流

而引起地光的发生。

闪　电

黑色闪电

1922 年，印度考古学家拉·杰班纳吉从印度河下游（今巴基斯坦拉尔卡那县）的一群土丘中发现这座摩亨约一达罗古城（最大的印度河流域文明城市）的遗址。经过发掘后发现，古城确是由于一次大火和特大爆炸而毁灭的。巨大的爆炸力将半径约 1 千米内的所有建筑物全部摧毁了。从发掘出来的人骨骼的姿势可以看出，在灾难到来前，许多人还安闲地走在街道上。

是什么原因导致了这座城市毁灭呢？科学家经过多年研究后说是由黑色闪电所引起的。原来，在大气中，由于阳光、宇宙射线和电场的作用，会形成一种化学性能十分活泼的微粒。这种微粒凝成一个又一个核，在电磁场的作用下聚集在一起，像滚雪球一样越滚越大，从而形成大小不等的球。这种物理

化学构成物有"冷"球与"亮"球的区分。所谓"冷"球，它没有光亮，也不放射能量，可以存在较长时间。"冷"球形状像只橄榄球，发暗，不透明，白天才能看到。科学家叫它为"黑色闪电"。所谓"亮"球，呈白色或柠檬色，是一种化学发光构造。它出现时，并不伴随某种雷电，能在空中自由移动，在地面停留，或者沿着奇异的轨迹快速移动，一会儿变暗，一会儿再发光。

远在古代的文献里，就有过黑色闪电的记载。古埃及法老吐特摩斯三世的编年史中记载着：22年冬季的第三个月，早晨6时，空中出现一明亮的火球，缓缓向南移动而去。看到的人都为这惊骇万分。古希腊人和古罗马人也不止一次地描写过出现在夜空中的"灿烂辉煌的战车"，印第安人把它叫做"空中的圆筐"，而日本人却称它为"带火的幻影之船"。

1910年9月21日，纽约居民看到一个壮丽的奇景：数以百计的亮球飞越城市上空，历时3小时之久。

1974年6月23日17时45分，前苏联天文学家巧尔诺夫在查波罗什城曾看到过黑色闪电。那时候，雷电交加，正下着雨，最先看到的是那种耀眼的线形闪电，紧接着，在茫茫灰色云的背景上舞动着黑色闪电。

在莫斯科地区，前苏联的一位上校，名叫波格丹诺夫，有一天白昼看到过一种深棕色的闪电。这种闪电中间是红色，周围是深棕色光环，像一条蛇在舞动似的，接着变为火红色，刹那间爆炸了。此外，还有一种瘤状或块状黑色闪电附着在树梢、屋顶、金属物表面。如果有什么东西触动了它，会很快变红，"嘭"的一声爆炸。

1984年9月的一个夜晚，在前苏联乌德穆尔特国营农场上空，满天星斗的夜空突然明亮起来，一个亮圆球升在空中，不停地翻着筋斗，旋转着慢慢落下。一时间，大地照耀得如同白昼。这个亮球不仅发光，同时还使得半径20千米范围内的所有变压器和输电线路都损坏了。

摩亨约—达罗古城的毁灭之谜终于揭开了。科学家认为，形成黑色闪电的大气条件同时也能产生大量的有毒物质毒化空气。显然，古城的居民先是被这种有毒空气折磨了一阵，接着发生了猛烈的爆炸。同时，大量的黑色闪电也存在着。只要其中有一个发生爆炸，便会产生连锁反应，其他的黑色闪电紧跟着发生爆炸，温度高达15000℃，足足能把石块熔化，爆炸产生的冲击波到达地面时，把城市毁灭了。科学家经过计算，摩亨约—达罗发生灾难的前夕，空中大约出现了3000团半径约30厘米的黑色闪电和1000多个化学发光构造。科学家通过模拟试验还表明，黑色闪电发生爆炸遗留下来的彩色小石块和炉渣样的东西，同摩亨约—达罗大火后遗留下来的残迹一样。

地球上，这种黑色闪电并不罕见，据说有文字可查的超过15000起。1983年8月12日，墨西哥萨卡特卡斯天文台第一次拍下了黑色闪电的照片，到目前为止，这类照片已有 100 多幅。

现在，科学家们已研制出一种化学制剂以及使用这种制剂的装置，可以防止黑色闪电进入人类聚居的地区，以免发生爆炸。

出声岩石

在美国加利福尼亚州的沙漠地带，有一块足足有好几间房子那么大的岩石。在此居住着许多印第安人。每当月夜宁静之际，印第安人就纷纷来到这块巨石周围，点起一堆堆篝火，冲着那块巨石顶礼膜拜。

一堆堆篝火熊熊地燃烧着，卷起一团团滚滚烟雾，不一会儿，就把巨石紧紧地笼罩住了。

这时候，那块巨石慢慢地发出了一阵阵迷人的乐声，忽而委婉动听，就好像一首优美抒情的小夜曲；忽而哀怨低沉，就好像一首低沉的悲歌。巨石周围的印第安人一边顶礼膜拜着，一边如醉如痴地欣赏着这美妙的乐声。

滚滚的浓烟带着这神奇的乐声，飘向了空旷的沙漠，飘向了深邃的夜空。

那么，当地的印第安人为什么要对这块巨石那样顶礼膜拜呢？这块岩石为什么会发出那样动听的乐声呢？这块巨石为什么只在寂静的月夜，并且只在滚滚的浓烟笼罩的时候才会发出这优美神奇的乐声呢？这块巨石里面到底隐藏着什么样的秘密呢？这一连串的问题，没有人知道，也没有人能够说得

清楚。

在美国的佐治亚州，也有这样一种会发出声音的岩石，人们管它叫"出声岩石"异常地带。这里堆满了大大小小的岩石，它们不仅能够发出声音，而且发出来的声音就好像一首首美妙的乐曲。

如果人们在这个"出声岩石"异常地带散步，就会发现，磁场在这里失常了，人们甚至连方向也辨认不清。更有意思的是，当人们用小锤轻轻敲打这里的岩石的时候，无论是大岩石，还是小岩石，或者那些小小的碎石片，都会发出一种特别悦耳动听的声音。这奇妙的声音不但音乐纯美，而且音响十分清脆，就好像是从高山流下来的"叮叮咚咚"的清泉一样，令人听起来如痴如醉，妙不可言。

如果不是亲眼所见、亲耳所听的话，人们根本不会想到这声音是靠敲打岩石发出来的。可是，更让人感到纳闷的是，这里的岩石只有在这个地方才能被敲击出如此悦耳动听的音乐。有人曾经做过一种试验，把这里的岩石搬到别的地方，不管怎么敲打也发不出那种美妙的声音。

那么，到底是什么原因使得这个地带产生这种奇异的现象呢？这里的岩石为什么在别的地方就发不出那种美妙的音乐呢？科学家们针对这些问题进行了一次又一次的研究和考察，对产生这种现象的原因也进行了种种推测和解释。有人说，这是个地磁异常带，存在着某种干扰源，岩石在辐射波的作用下，敲

击的时候就会受到谐振，于是就发出了声音。可是，这只是一种推测。所以，科学家们一直也没有找到一个令人信服的答案。

在意大利西西里岛上，有一个叫做"狄阿尼西亚士的耳朵"的山洞。关于这个山洞流传着这样一个传奇故事：

古时候，有一个名字叫狄阿尼西亚士的国王，谁要反对他就把谁关在这个山洞里面。看守山洞的狱卒们趴在山洞的顶上，用耳朵就能够监视犯人们的一举一动。因为犯人之间说什么话，都可以传到狱卒的耳朵里。就这样，狱卒们把偷听到的话告诉那个国王，国王处死了不少犯人。到了后来，犯人们才知道，原来这山洞里到处都有耳朵呀！

这个山洞从洞顶到洞底有 40 米深，为什么狱卒趴在洞顶就能听见洞里犯人们的说话呢？一直到现在，人们也弄不明白。

看起来，这个"狄阿尼西亚士的耳朵"的山洞和那个奇特的"出声岩石"异常地带之谜一样，只能是一个没有解开的谜团了。

巨大雪块

1968 年春，德国肯普腾城的一位木匠正在一间房屋顶上干活。此时正值阳光明媚，晴空万里的春季。他干了一会儿活后，有些疲倦，于是便伸了个懒腰，在房顶上歇了一会儿。他正准备下房去喝点汽水，万里无云的天空突然落下一大雪块，大雪块长 1.8 米，直径 15 厘米，砸在他的头上。这位木匠未叫一声便倒在房顶上死去了。

此外，一天，德国汉堡居杜里斯·库拉特家的房顶也遭到从天上落下的一块雪块的袭击，这块雪块呈椭圆形，长约 30 厘米。

1974 年 3 月，在英国伦敦郊区贝纳尔，天上落下一块正方形雪块，砸在维尔德·史密斯先生的汽车上。

在雪块现象中，美国一个城市发生的事例更吸引人。这是佐治亚州的一座小城市，名叫"提姆巴尔菲尔"。维拉伯尔特·卡尔兹先生的家坐落在这个小城中的一个角上，平日十分清静。1976年 3 月 7 日，卡尔兹先生儿子的女朋友来到未来的公公家中作客，小小的家庭立即沉浸在一片欢乐的气氛中。卡尔兹先生乐呵呵地为未来的儿媳妇做了晚餐。三人又说又笑，吃完了晚餐后，便坐在彩色电视机前，观看电视连续剧《600 万富翁》。此时，突然发生了一件意料不到的事情。佐治亚州地方报纸事后也详细报道了他们三人的回忆。他们说：

"我们正在看电视，突然听到一声巨大的麦鸣，犹似一颗巨型炸弹落在地面上，此后，一团黑糊糊的东西从房顶上落了下来，在屋子中间四下迸开。我们惊得跳了起来，仔细一看，原来是一些暗灰色的雪块，雪块在地上四散开来，溅到旁边两个房间内，我们本能地向上望去，只见房顶出了一个大洞，透过洞口，可以看到，夜空晴朗，风清月高，满天星斗。"

除他们三人的叙述外，佐治亚州地方报纸还找到了另一个证人，即卡尔兹先生的邻居朱尼·布朗先生。雪块落下来的时候，他正站在他家的院子里，因此直接目击了雪块坠落时的情景。他说：

"一块很大的雪块突然从空中落下来，撞到卡尔兹先生的屋顶上，发出大炮般的轰鸣。我当时吃了一惊，赶忙四下观看，过了几秒钟，天上又落下一块雪块，掉在公路中央。几分钟后，警察卡尔·胡坦吉尔上士和一群警察赶到了出事现场。大家忙碌着。卡尔兹先生从地上扫起雪块、雪沫，并不时观看着房顶上那直径约有 1.5 米的窟窿，考虑着怎样修补。警察们则忙着收集雪块样品，他们将雪块放到小桶里，准备带到试验室去化验。卡尔兹先生估计，落下的雪块约有篮球大小。当时在场的人都证实，雪块的颜色为白色，十分松软，用手可以将它压成一团。"

部分雪块样品很快被送到附近的梅肯学院化验室。该院自然科学系主任罗伯尔特·利曼教授带着两个化学系学生，立即对雪块样品进行了化验。与此同时，另一些雪块样品则被送到警察局化验室去化验。不久，科学鉴定公布了，证实这块雪块中没有任何放射性物质。利曼教授补充说："雪块只不过是一些普通的水凝聚而成的。"

这些雪块是从何处来的？为什么会突然落到地面上？佐治亚州地方报社事后向很多专业研究人员提出上述疑问。

经过反复研究，弗吉尼亚大学一位天文学家和国家航空服务机构一位官员一致认为，雪块可能来自飞过此地区上空的一架飞机。利曼教授进一步说：这架飞机的淡水管可能漏了，水从飞机上流下，在天空中冷空气的作用下形成了这个约有 4.5～7 千克的雪块。

但是，其他科学家却不同意此种解释。气象学家们认为，这个地区上空的气温不会使飞机上流下的水变成这样巨大的雪块。当时该地区夜空晴朗，风清月高，此地居民中不少人当时都在街上，他们中间谁也未看到天空中有任何飞机。加之，在雪块中还发现了一个小石子，对此，气象学家们又提出疑问，倘若是飞机上流出的水形成了雪块，那么，雪块中为什么会有小石子呢？

尽管利曼教授等人对雪块现象的分析难以使人信服，但他们的观点却有几分科学性，因为确有一些从飞机上流下的水形成雪块落到地面上的事例。譬如，1978 年一个星期天的下午，一架飞机在田纳西州的里伯莱城上空飞行时，淡水管突然坏了，流出了一些水。水在冷空气的作用下形成了一个重达 11 千克的绿色雪球，落到里伯莱城内，引起这个小城市内的居民惶恐不安。该城警察分局的迪比卡尔维尔女士事后说："绿色雪球落到城市内，成为一个最大的事件，使我们这个宁静的小城市几乎难以承受。雪球落地后迸开，还发出一阵淡淡的清香气味……"

从雪球中发出的这些清香气味是解释雪球的有力根据。于是，美国联邦航空公司的地方官员立即对雪块进行了化验。此后，他们宣布，这个雪球是从这架飞机厕所水管中流出的水形成的。由于将水从水池抽到厕所的抽水机中的绿偏蓝色物质也渗透出来，同水管中漏出的水融合在一起，流到飞机外面。

利曼教授等人的论断在这次雪球现象中虽证明是对的，但他们的观点却不能够解释所有雪球或雪块现象。这不仅由于他们的论断过于简单，而且主要是许多雪块现象发生在世界第一架飞机诞生之前。譬如，航海家卡布坦在一次航海中曾碰到一次雪块从天空中落到海里的事例。他在书中写道："1860年1月的一天，我们经过了好望角，2天后，我们的船正在海上航行，上午10时，突然下起了暴风雨，风雨交加，为时约1个小时，此后，风向突然变了，东风变成了北风。在这场暴风雨中，我们看到了3道非常亮的闪电，其中1道闪电距我们的船很近。电闪之时，一阵雪块雨噼噼啪啪地向我们的船砸来，持续了约3分钟。雪块不冻手，但却很硬，呈不规则状，且又大小不一，部分雪块约有半块砖头那样大。"

除此之外，1970年库菲菲尔城还遭到一块巨大的雪块的袭击，雪块直径为44厘米，重达7.6千克，引起了科学家们很大的兴趣。

自古至今，雪块或雪球现象一直使科学家们感到迷惑不解。他们众说纷纭，莫衷一是。有些科学家甚至怀疑有关雪块细节的报告或记述。但与此同时，另一些科学家则认为，这些雪块是从地球大气层之外的空间落下来的，同彗星和陨石有着某种联系。科学家们回顾了有关雪块方面的记载，认为在世界第一架飞机诞生之前，雪块现象虽为数不少，且大部分十分奇特，但记述却十分含糊。而最详细最准确的记载则是1973年4月2日，在英国曼彻斯特郊区一条宁静的林荫大道上发生过这种情况。事情是这样的：

一天傍晚，正在曼彻斯特大学进行高等研究工作的理查德·杰里菲斯教授到贝尔东大街，准备买些日用品。大街上静悄悄的，理查德先生正走着，突然看见街道上空出现一道明亮的闪电，很快便消失了。应当指出的是，理查德教授此时还担任一家科研机构的气象观测员。因此，他经常记述一些天文现象。当时，他立即看了一下手表，时间为傍晚7时45分。他仔细回忆了一下闪电时的情况，觉得很奇怪，为什么这道闪电事先无任何预兆，事后也无任何雷声反应。他想了一会儿，琢磨不出来其中的奥秘，于是，只好来到旁边一个小商店内，买了些需要的东西，随后向回家的方向走去。此时，正值8时零3分。刚离开小商店不远，他突然听见一件东西落地的巨大响声，立即发现在前面街道上落下一块东西。

他走上前定神一看，原来是一块雪块，估计有2千克重。理查德教授是科学研究人员，又兼气象观测员，很清楚此时应做些什么。于是，他赶忙上前，将雪块从地上拾起，用自己的外套将它包住，便飞快地跑回家中，把雪块放在厨房内的冰箱里。次日清晨，他取出雪块，用布包好，放入密封的高压锅内，随后搬到汽车上，径直来到他在曼彻斯特大学科学技术学院内的实验室，开始分析和化验这块雪块，希望能在雪块来源方面得到突破。

在确定一些冰冻物的历史时期中，科学家拥有多种众所周知的测试方法，其中一种便是将冰或雪块切成很薄很薄的冰片，然后用普通反射光和聚光板进行观察，以揭示冰片内的水晶结构。采用上述方法，理查德教授发现，这块雪块由51层雪组成，每层雪之间都有一层薄薄的空气气泡。这表明，这个雪块的结构不是冰块结构，其水晶体又比冰块中的水晶体小，其内部各层又不如冰块中的各层那样有规则。

此外，理查德教授还做了另一种试验。试验表明，这块雪块是云雾水形成的。但是，云中的水为什么和怎样形成雪块的呢？理查德教授考虑许久，最后估计，这块雪块之所以成为这种形状和成为雪块，可能是当时置放于一个密封的容器内，即在容器内形成的。为了证实这个推断和获得一块类似的雪块，理查德教授取来一个气球，把它灌满水，然后将气球吊在冰箱的冰室内。但是，这次试验得到的雪决却与天上落下的雪块根本不同。

于是，理查德教授又重新考虑，雪块是否是从正在天空中飞行的一架飞机上落下来的？他说："我询问了机场管理人员，他们告诉我，在雪块落下的空域中，曾有2架飞机穿过。但是，在雪块落下来的时候，其中一架飞机已在机场上着落，另一架飞机则在雪块落地后好久才通过此空域的。此后，我又问专业人员，其中一架飞机是否在飞行中遇到了雪块，他们回答说，这是不可能的。"

此时，理查德教授确实无能为力了，他在书中写道："我们惟一可以告诉人们的是，这种雪块现象既不是这样，也不是那样，所有的可能均被排除。倘若您询问这种现象发生的真正原因，那么，我们只好说，现在我们对它只能是一无所知。"

那么，人们不禁要问，落在理查德教授眼前的雪块同他在此之前9分钟看到的闪电之间是否有一种联系呢？对此问题，英国自然科学家艾里克·卡罗认为它们之间不仅有联系，而且有密切的联系。他从理论上谈到部分闪电的特性。但是，卡罗的理论却未能具体应用于实践，因为依照这种理论，确实可以随便将一些雪块现象解释成同电和空气现象有联系，而其他一些雪块现象却同它们毫无关系。因此，作家罗纳德·维利兹便侧重了解其他教授的意见。他收集了美国很多大学教授们对雪块现象的看法，他说：

"一些学院科学家们认为，这种从天空中落下的大块雪块不可能有流星之嫌，这是因为在外空间的条件不可能产生雪块。科罗拉多大学的科学家认为，尽管部分天文学家认为存在着流星同雪的混合物，但是，其中一位天文学家曾提出这样的问题：当这块雪球进入大气层时，一定会产生很高的热，那么，雪块落地后怎能会保持现在这种状况呢？至于弗吉尼亚大学科学家们，他们则认为，雪球现象是一种极其神秘的现象，可以将这种现象和其他类型的现象从有关飞碟的现象中分出来，另归一类。

"此前，我们曾谈到利曼教授的估计，他曾认为所有雪块现象全是由于天空中飞行的飞机储水罐或水箱漏水而造成的。这种观点曾作为一种被人接受的观点而广泛用于对雪块的解释。但是，现在，我们可以完全排除这种解释，因为，这种解释若能成立，那么飞机机翼上能产生雪块或冰块的观点也会油然而生。但是，专业人员认为，飞机在几千米以上的高空飞行时，若机翼上产生雪或冰，那么自然会对飞机飞行重量产生危险的影响，因此，现代化飞机现在全装有自动电化雪系统。可以说，目前现代化飞机机翼和机身上完全不可能产生雪块。此外，还有很多雪块现象发生在飞机诞生之前，也可说明雪块同飞机没有什么联系。譬如，19世纪格拉马尔尤曾提出一篇论文，名叫《大气层》。他在文中称，早在古代就发生过从天空中落下雪块的事例，当时那块雪块的规格为5米×2米×2.3米。另在1894年苏格兰的奥尔德也发生了一次雪块事件，那块雪块直径则为6米之多。"

火山爆发

在大量可怕的和不寻常的自然灾害中，火山爆发则是少见的。但它以自己势不可挡的威力、令人望而生畏的场面和惊人的杀伤力，使人类一直大为震惊！

火山爆发

这是印度尼西亚火山（那儿有几百座活火山呢）所带来的灾难：帕潘达扬火山夺去了2000人的生命，加农格一贡奇火山——4000人，克卢德火山——5000人，马拉伊火山——1万人，克拉卡陶火山——3.6万人，塔姆鲍拉火山——9.2万人。

为了使您能想象出火山爆发时的巨大威力，有必要看看下列事实：1815年，当印度尼西亚的坦博拉火山"张口"时，整个爪哇马上都能听见它的声音，甚至在加里曼丹、新几内亚和澳大利亚也都听见了。离该火山有460千米远的苏门答腊海岸，还遭受到火山喷射物的"炮击"呢！

1883年，当印度尼西亚的克拉卡陶火山爆发时，地下爆炸所产生的冲击气浪，竟环绕地球转了3圈！

克拉卡陶火山爆发的吼声，传到了周围数千千米远的地方；海水先是打着漩儿迅速退离海岸，然后又以排山倒海之势猛冲上岸来！因海底爆炸而掀起的滚滚巨浪，冲过太平洋，一直抵达美洲和非洲海岸，并绕过好望角冲到了英国和法国海岸！高达 30～40 米的海浪撞击在英吉利海峡两岸，吞没了这一带的村庄和森林，冲倒了阻挡它前进的山丘！因这次水灾而死亡的人数多达 3.6 万余人。

事后，目睹这次灾难的一些海员们说，当时，他们的轮船正停泊在苏门答腊岛的海湾里。突然间，只见可怕的乌云遮住了太阳，火山灰铺天盖地从天而降，后来竟变成了油乎乎的黏东西。海员们感到呼吸困难，透不过气来。天色越来越黑，海面像开了锅似的沸腾不止。当时，许多海员都认为世界要完蛋了！

这次火山爆发以后，大气层里集聚了大量尘埃；它开始向西方运动。1 个月之后，火山灰形成的乌云绕地球上空一圈；又过了 2 个月以后，整个地球的大气层里都充满了火山灰微粒，使全世界一时曾变得天昏地暗。甚至在好几年内，在欧洲仍可以观察到火山灰云呢！

据统计，在最近 9000 年以内，地球上一共发生过大约 5500 次火山爆发事件。其中某些火山的大爆发，甚至改变了地球上一些地区的历史进程呢！例如，公元前 1470 年，地中海的圣托林岛上发生过一次强大的火山爆发，竟毁灭了这个古代文明社会。有些人认为，

关于大西洲的神话传说就是因这次灾难而产生的。

在古代，火山周围就产生过许多耸人听闻的神话故事，这是毫不奇怪的。就在不久以前，印度尼西亚人还相信，火山神和类似的凶神一样，也是乐意接受用人来做祭品的！

前苏联的堪察加库里尔斯克边区，是一个活火山特别多的地方——大约要有几十座啊！1955 年秋天和 1956 年春天，这里的剐兹米扬纳亚火山曾变成了一个可怕的怪物。爆发威力最大的要算是第二次：3 月 30 日，该火山口内突然成扇形喷射出了炽热的火山灰，在距此 30 千米远的树木竟被折断或推倒。这次喷出的火山灰特别多——足足能填平一座现代化的大城市！它形成的冲击波环绕地球一圈，火山灰直喷射到将近 45 千米的高空！风将它们带到了整个地球上，在远隔几万千米的伦敦也发现了从这儿飘来的火山灰。

前苏联火山学家经常活动在堪察加火山区，他们对这些火山的爆发类型、特点及其规律，一直进行着认真的观察与研究。科学家们在这里获得的有关火山爆发方面的一系列知识是极其宝贵的，这对科学研究如此，对实践也是如此。当然，首先应该是对实践而言，因为其最终的任务就在于准确地预报火山爆发的地点、时间和威力。而且，将来还有可能把火山爆发的能量变成建设力量呢！

来自前苏联的旅游者们来到维苏威火山脚下，一踏进古老的庞培城时，立

刻就强烈地感受到：这儿似乎既没有载运我们的公共汽车，也没有热乎乎的柏油马路，热情洋溢、侃侃而谈的导游，在我们眼里似乎也成了一个古怪的和不必要的陪伴了——这里所谈论的、听到的和知道的有关庞培城的一切，突然都活生生地出现在了眼前。现在，我们似乎已不再是来这里观光的旅游者，而好像是19个世纪以前在维苏威火山脚下发生的可怕事件的目睹者和直接受害者了。

那时，谁也不认为维苏威竟是一座火山，人们都在想，它不过是一座普普通通的山罢了。不错，这座山是有点儿奇怪——山顶并不尖，好像有谁用巨型大刀切削过似的，这是从远处看时的景象。当你走近它附近时，看到的却是另一副模样——山顶一点儿也没有被"切掉"，而是似乎有谁用强有力的巨手将其顶部压进去了一些，形成了一个圆圆的小盆地。盆地的四壁陡直，但底部却是平坦的。现在，盆地底部生长着树木杂草。

今天，没有人再怀疑它不是老火山口了。

维苏威火山突然爆发是人们没有预料到的。那是8月里的一天，只见该山上空出现了不同寻常的云彩——呈现出高大的柱状，并且不断地向高空伸展着；后来，圆柱形的云彩向四周扩散，变成了像该地区生长的伞形松那样的形状。

当大地开始轰鸣、战抖和房屋开始倒塌时，人们慌乱一团，不知所措。顿时，白天变成了"黑夜"——乌云遮住了太阳，伸手不见五指，天上下着密集而炽热的火山灰，不断掉下来黑乎乎的、滚烫的和布满裂纹的石块。这里的海水突然不知去向，附近的海底裸露出来！维苏威火山喷出的火舌舔着黑洞洞的天空，山坡上流淌着火红的"河流"，在漆黑的"夜间"，它映红了附近的山山水水。

下面是这场灾难的目睹者——小普里尼（古罗马著名的历史学家老普里尼的侄儿，在火山爆发的那天，老普里尼不幸遇难）的一段描述。

"我们看见大海在塌陷，"小普里尼写道，"大地在抖动，好像天要塌下来似的。海岸向前扩展着，许多海洋动物被留在裸露的沙滩上。可怕的乌云中火光闪闪，巨大的火光间忽分成数条长长的火带，就像闪电一般，只是光带要比闪电宽大得多。

开始落火山灰了，起初是稀疏的。我回头一望，只见一股像水流似的黑东西从后边涌过来。'咱们赶快回避一下吧！'我喊道，'趁现在还能看得见，可别让这个不速之客把咱们踩死在这条路上。'我们刚刚出这个决定，眼前立刻就变成一片黑暗了，这种黑暗不像是没有月亮的夜晚，也不像是乌云遮天的夜晚，而是像房屋里突然熄灯后的那种黑暗！到处是妇女们的号啕声、孩子们的尖叫声和男人们的呼喊声。有的在叫自己的亲人，有的在呼儿唤女，有的夫妻互相呼答，一个个都竭力想在嘈杂的呼喊声中辨认出自己的亲人在哪儿。有人为死亡临头而悲号，有人因亲人死亡而哀嚎，一些人在死亡面前惊恐而虔诚地祈求上帝保佑，但大多数人确信，再不会有上帝了，世界从此将出现一个永远的黑夜。

天色稍有些亮起来，但我们觉得这不像是黎明的曙光，而是有大火逼近了！火流在远远的地方停下来，于是黑幕又降临了；火山灰好像下雨似地纷纷落下来，我们不得不随时抖掉落在身上的灰尘，要不准得被它掩埋掉。

终于，黑幕开始消散，变得有点儿像烟或雾，不一会儿就恢复了白天的景象，甚至可说是阳光灿烂呢，不过，阳光呈现出淡黄色，而且不透明，就像发生了日食似的。幸存者们心有余悸，甚至认不出昔日的家园来了——一切都被火山灰深深地掩埋了，就像天上突然下了一场奇怪的雪。"

当火山爆发停止以后，展现在幸存者面前的是一个非常可怕的场面。位于维苏威火山脚下的庞培城变成了一片废墟，庞培、赫鸠娄纳姆、斯达比亚和奥普龙蒂等4座城池通统被火山灰掩埋，到处流着肮脏的污水。大量火恢和尘埃一直飘到罗马，飘到了埃及和叙利亚等地。

过了17个世纪以后，科学家们从火山灰底下将庞培城挖掘出来，这座古城又出现在世界上。火山毁灭了这里的居民，但有许多房屋、日用品和艺术品却保存下来。科学家们在这里找到了一些石化的食物，它使人们可以了解古罗马人的饮食状况。

还有另外一则关于火山的故事："乌勒坎"一词，在拉丁语中是"火"和"火焰"的意尽。在古罗马神话中有一位"火神"，它是分管火与打铁业的神仙（不过，应该在古希腊神话中寻找它的"家谱"——就和罗马万神殿里的诸神一样；在古希腊神话里，火神与"赫菲斯特"是等同的）。古人相信，火神在地底下有一个打铁坊；他们甚至还能知道它的准确位置——在蒂勒尼安海里的一个不大的岛上，位于意大利海岸附近。

这个岛上有一座山，山顶上有一个深深的陷坑。每当火神在自己的打铁坊里开始工作的时候，山口里就吐烟喷火！于是，罗马人就把这个岛连同岛上的那座山，通统都叫做"乌勒坎诺"——火神。

后来。人们就将凡是吐烟喷火的山都叫做"乌勒坎"——火山了。从这个词又引申出了"火山学"——专门研究有关吐烟喷火诸山情况的一门新学科。

历史文献上说，早在公元前500年左右，人们就对研究火山发生了兴趣，研究火山的第一位"冠军"，是来自阿格里琴托（意大利西西里岛上的一个城市）的希腊唯物主义哲学家恩培多克勒。

恩培多克勒关于万物皆由4个"根源"（即土、水、空气和火）所组成的学说，在以后好几个世纪里得到了几代哲学家们的不断发展。在古希腊罗马哲学中，恩培多克勒最早阐述了大自然中诸矛盾的辩证思想。他认为，诸元素的结合与分离都是"爱"和"憎"这两种不可调和的力量相互斗争的结果。有人还说，恩培多克勒天才地悟出了动物进化的规律性——达尔文将其总结出了生物进化论的这个无可辩驳的自然选择规律。

为了认清火山的本来面目，这位伟大的古希腊哲学家的晚年，一直是在西西里岛上的埃特纳火山旁度过的。据有关人士推测，恩培多克勒本人就是在公元前430年的埃特纳火山爆发中不幸身亡的。那次火山爆发时所形成的火山口，现在就叫做"哲学家之塔"。

因此，火山学的确可以认为是一门有"工龄"的学科。

当然，火山学的真正繁荣期是在当代了。目前，这门学科在地球科学中占有相当重要的地位，各类专业学者都被一个共同的目的结合在一起——更充分地认识火山爆发的本质、多种多样的爆发形式与特征，研究出预报火山爆发的可靠方法与仪器，使人们不再因无知和疏忽造成无辜的伤亡。

全世界已经有一支阵容庞大的火山考察队伍，俄罗斯设有这方面的专业性机构，这个专业性机构是完完全全从事火山研究工作的。它就是俄罗斯科学院火山学研究所，设在火山活动频繁的堪察加地区。

几年前，俄罗斯曾翻译出版了闻名于世的比利时火山学家加龙·塔齐耶夫盼《爆发中的火山口》一书，它引起了广大读者的极大兴趣。读者们如此喜爱

这本书，这是完全可以理解的，因为作者在该书中将火山学家的工作描写得有声有色，他本人就曾多次在火山爆发中出生入死地冒过险。

当然，从写成这本书到今天，情况已经起了许多变化——当代火山学家已拥有先进的科学技术装备了，他们依靠非常精密的仪器和现代的工具，已可以较为安全地接近火山爆发点了。不过，火山学家的气质仍然未变，其危险性也不曾减少。对火山学家来说，冒险是常常不可避免的。为此，我们摘录了塔齐耶夫书中的一个片断：

"我差不多已来到了这个无底洞的洞口，向下一看，里边好像是被深渊正在吞食着的一块巨石似的。它毕竟是一个直径达10～15米的垂直山洞啊！它的四壁是那样炽热，就像面团似的伸缩着，软乎乎的洞壁上，不时脱落下大块大块的火团，金光闪闪地掉下去，消失了——被耀眼的深渊吞没了。

尽管洞内喷着浓烈的褐色烟团，但也无法遮掩那蔚为壮观的、沸腾不止的喷火口。这儿可不是好玩的地方，要知道，它是可以熔化任何坚硬物质的炽热岩浆啊！

火山喷射口真是太迷人啦，它使我忘记了自己随时有可能完蛋的危险，忘记了自己的鞋底已被烤焦，我只是机械地一会儿抬抬右腿，一会儿抬抬左腿。我全神贯注地凝视着这口熊熊燃烧着的火井，里边不断传来隐隐约约的隆隆声、震耳欲聋的爆炸声和打闷雷似的吼声。

我下意识地猛一闪身——火山口里喷射出一根火柱，嗖的一声擦着我的脸飞过去！

会完蛋吗？最后再向无底洞里看上一眼吧——它是多么可怕而神奇啊！继续朝前走去，准备绕喷火口走一圈，突然间，我背上重重地挨了一击。是天上扔下来的炸弹么？我屏息发愣，摸不着头脑。几秒钟以后，我转过头来一看——脚旁边有一个像大面包似的东西正在慢腾腾地熄灭。"

塔齐耶夫可算是走运的了，有许多情况却并非如此。

1980年5月18日，美国东北部的圣海伦斯火山在"睡了"一大觉（约1123年）以后，突然"苏醒"过来！两位美国青年地质学家赶来拍摄火山奇观——打算将火山爆发的实况自始至终地拍摄下来。结果，他们没能拍摄完火山奇观，而倒将自己的不幸遭遇拍摄下来了。他们的电影胶卷被烧坏了不少的地方，但总的来说，还是颇为完整的——是一部十分珍贵的文献资料，它是这两位青年科学工作者英勇行为的"见证"和报道火山爆发过程的真实记录。在此，不由地使人又想起了恩培多克勒，特别是老普里尼来，他们也是在临死之前真实地记录下了火山爆发时的情景啊！

地球上大约有几千座火山——正在活动着的火山，很久以前或不久以前爆发过的火山，沉睡的、说不定是什么时候就会爆发的死火山。其中的某些火山已经变得面目全非了，只有科学家们根据种种迹象才能判断出它们曾经是火山。

太平洋诸岛和沿岸地区的火山特别多！科学家们开玩笑地把它们统称为"火项链"。这个"火项链"包括了堪察加、千岛群岛、日本、菲律宾、印度尼西亚、新西兰和美洲西海岸等地区的所有火山；最后，这条"项链"在阿拉斯加和阿留申群岛一带合拢在一起了。

火山的活动期和"沉睡"期是交替进行着的。有时，它竟要"沉睡"数百年之久呢！然后，说不上那一天又会突然"醒"过来。公元79年，维苏威火山就是如此；1952年，千岛群岛中的一个岛上的克列尼增火山也是如此——人们都以为它是一座死火山呢，可谁知却突然爆发起来。

世界上有不少山都是死火山，如厄尔布鲁士山、卡兹别克山和阿拉阿特山，俄罗斯的乌拉尔山脉和阿尔泰山脉也有类似的火山。仅在乌兹别克斯坦，就曾发现50座古老的火山呢！其中最古老的火山已达2.5亿年！而最年轻的火山只有160年。中亚细亚地区最后一次火山爆发于5000万年之前，爆发地点在吉尔吉斯的伊塞克库尔湖地区。

科学家正在法国、匈牙利和欧洲中部地区寻找昔日火山活动的遗迹。

地质学家们都知道，有些地方看起来根本不是火山，但实际上却不然，有时看来只是个小山丘，但昔日在这里的确曾有过惊天动地的火山爆发。

在上述地区，人们通常能发现一些丰富的金属矿床——凝固在地球表层不很深处的岩浆矿脉。因此，古火山地质学家对古老火山的研究是特别仔细的，并且竭力搞清它们在矿区形成中所起的作用。

古老的火山在某些地方留下了十分明显的痕迹。丹麦作家约根·比奇在《在阿拉伯披纱的后面》一书中，是这样描写他在亚丁湾所目睹到的情景的：

两岸的悬崖峭壁奇形怪状，令人望而生畏；它们仿佛是用世界上的一切痛苦塑造出来的，充满了神秘感。这些悬崖峭壁是在好几千年以前的一次火山爆发中形成的。

当你望着耸立在大海与陆地分界处的那些巨大火山锥的时候，一定会这样想：这些东西大概不是在地球上形成的，而是月球景观的一部分吧！在许多地方，陡峭的火山底部突兀地冒出海面，火山锥则直倾大海，似乎眼看着它们就会坠入大海。

有的火山锥黑糊糊的；有的却被一层凝固了的火山熔岩所覆盖，呈现出血红色，它们使人产生一种印象——这里似乎有赤热的金属熔液在沸腾！这儿的火山虽然在很久以前就熄灭了，但它总使人们产生这样的想法——火山马上就要爆发似的！

什么是火山？它为什么要爆发呢？

关于这些问题，火山学家们虽然已经说过不少了，但远远不是详尽无遗。看来，只有当科学发展到能详尽地研究地球的构造，并且能对它的产生和发展过程有一个充分而足够的认识时，上述问题才能得到圆满的回答。目前，科学家们也只能做出一些猜测的、假设的和理论上的答复，而这些猜测、假设和理论还有待于进一步检验和证实。可是，这些问题又是比较难解决的，需要搜集足够的间接证据，或者是做出物理、地质化学和数学模式来。不过，无论是哪一种现代化的模式，毕竟总不是那种自然现象本身——而自然现象则常常要比其模式复杂得多。

用通俗的科学理论来说的话，对火山活动可以做出以下解释

地球内部的温度非常之高，压力非常之大。据估计，地心的温度可高达4000～5000℃！用通常的观点来看，地心的压力就更是一个奇迹了——每平方米就要承受 3.7×10^{10} 千克的压力！据推测，在如此高压下，即使温度再高，组成地核的物质仍然是处于固体状态的；只有地核的"外部"才呈现出液体状态。在接近地面的那些地方——在地壳内或科学家们称作地幔的地层内，温度要低一些，压力也大大减小；于是，在这里就可以产生形成火山源的条件。岩浆就是在这里形成的——由组成地幔和地壳的那些物质熔化后而形成的。地壳的成分中有80%都是硅酸盐，所以岩浆主要是由熔化了的硅酸盐所形成的。

地球外壳是从来不知道什么叫做安静的，大陆板块在缓慢地移动，不停地上升或下降，由此而形成了一条条深深的裂缝和通道；而这些裂缝与通道中灌满了岩浆。岩浆在其中被周围物质挤压

着，只得沿着空隙奔流不止，最后就以岩脉的形式凝结了；岩浆在上层障碍比较薄弱的地方冲出地面来，于是便形成了火山爆发。

岩浆里含有大量气体，当它一旦到达地壳表层时，这些气体就首当其冲地喷出地面来！正因为如此，每当火山开始爆发时，火山口上空总是首先升起烟柱——它是水蒸气、热气和火山灰的混合物。

和"烟柱"同时冲出地面的是一些火山灰和石块之类的杂物。火山内部的压力是如此之大，以至能使其中的石块像炮弹似的弹上 8～9 千米的高空！然后才是岩浆喷出来。炽热的、耀眼的和沸腾着的岩浆溢出火山口，一条条火河冲下山坡来，烧毁了它前进道路上所遇到的一切东西！

人们将溢出地面的、排泄了其中大部分气体的岩浆称作熔岩。

考察结果证明，火山源常常是在 50～100 千米深的地壳中形成的；但是，也不排除下列情况：火山源"吞食"着从更深处——地幔与地壳分界处上升起来的物质，而这些地方大约要深达 3000 千米！

由此可见，火山爆发的基本"启动机制"与岩浆中的气体积累情况有关，当岩浆中的气体压力高于压迫它的地层压力时，一场可怕的火山爆发就在所难免了！

一般说来，火山爆发虽然有共同的特征，但它们的爆发形式却各不相同。

在加勒比海的马提尼克岛上，有一个叫做圣皮尔的港口城市。在长达半个世纪的时间里，该城居民一直能看见蒙坦皮尔火山在不断地冒烟。在他们的记忆中，这座火山曾在 1851 年爆发过一次，但规模并不大，人们几乎已经将它忘记了。因此，这里的人们对蒙坦皮尔火山冒烟已经习以为常了。每逢礼拜日，人们就纷纷上山游玩，不少人还在火山口周围举行野餐呢。

可是，从 1902 年春天起，蒙坦皮尔火山却开始冒浓烟了，火山上空经常是浓烟笼罩，黑沉沉的。有时，还能听见地底下传来沉闷的隆隆声。后来，这种声音越来越大，火山上空的烟柱也不断扩展；附近的一些动物首先感觉到了火山即将爆发的危险性。一条条蛇从山上的缝隙里爬出来，候鸟不再飞到这儿栖息，海员们常常能看到一种奇怪的现象：在无风的天气里，海湾深处却出现了波浪，海水突然变得暖和起来。

在火山附近的一些塔楼和居民点上，已经有稀稀落落的火山灰降落下来，不久，这座港口城市里也落满了火山灰。情况变得严重起来，随时有可能发生火山爆发。可是，城市当局正忙着筹备即将到来的选举活动，他们认为，在这次选举结束之前，不能放走任何一个选民。为了安定人心，他们四处张贴种种通告和公告，要大家不必惊慌，火山不会马上爆发。

3 天之后，大祸临头了！火山怒吼着，大量熔岩、火山灰、沙子和气体蜂拥而出。熔岩形成的火河势不可挡地朝山下冲来！它所到之处，立刻燃烧起了熊熊烈火，一切都化为灰烬。

这座港口城市里的居民，除了一个正在坐牢的黑人老头幸免于难之外，其余的人通通惨死！这位黑人老头之所以能活下来，是因为厚实的监牢墙壁挡住了火河。在短短的几分钟以内，竟有2.8万人死亡。火河所掀起的巨大气浪，竟将那些想跑上船只避难的人们抛入了大海。

火山爆发之后，火山口内渐渐聚满了稠糊糊的、半凝固状态的熔岩。3个礼拜以后，火山口里"长"出了一根高达半千米的熔岩石柱！后来，这根石柱渐渐倒塌了。

冰天雪地

按年龄来说，地球上最古老的东西要算是冰川了。人们把冰川划分为2种——山岳冰川与覆盖冰川。就其实质而论，山岳冰川也就是冰河，它们沿着山坡向下蔓延，就像河流那样有规律地向前运动着——如果遇到广阔、平坦的田野，它们就朝四处扩展；如果在狭窄的山谷里运动，它们就有点儿类似山洪。二者不同的只是，冰川运动的速度要比水运动的速度缓慢得多而已。

像河流那样，冰川的中部运动速度较快，而两侧缓慢些，因为两岸存在摩擦阻力。冰川考察队员们曾将一排木桩横排在冰川上，以此来测定它在不同部位上的运动速度。结果，在一年里，由

冰 川

木桩排成的直线变成了弯度很大的弧形线。试验表明，冰川的中部运动速度最大——每年为70～77米；而它的两侧每年只向前运动30米左右。这是科学家们在阿尔卑斯山区进行过的一次试验。

当前，在冰岛和格陵兰渐渐退走的冰川中，裸露出了一些古代建筑物的遗迹。它们是古斯堪的纳维亚人早期修建的。在阿尔卑斯山区的冰川中，科学家们还发现了古罗马人修筑的大马路呢。

山岳冰川上的裂缝是非常危险的。强大的冰川往往会折断，而雪花却将其裂缝虚掩起来，于是，就形成了一些搭在两块巨大冰川之间的"桥梁"。这些架在冰川裂缝上空的"桥梁"是很不结实的，这对登山队员和探险家来说是十分危险的所在——它们即使碰到轻微的震动，也很可能马上崩塌下来！如果来者一旦踏上这些雪桥，就可能堕入万丈深渊。

巨大的冰舌从高峻的兴都库什山脉、喜马拉雅山脉和青藏高原上延伸下

来。西伯利亚的许多河流都发源于阿尔泰山和萨彦岭的冰川。南美洲的一些高山峻岭，也"戴着"亮晶晶的冰雪"项链"。就是在赤日炎炎的赤道上，也存在着山岳冰川呢！如墨西哥的俄利萨巴火山和波波加德伯特尔火山，还有非洲的乞力马扎罗山和卢文左利山等。

那么，覆盖冰川又分布在什么地方呢？它们的"王国"就在北极带和南极带。覆盖冰川铺满了北极和南极大陆，在某些地段上，巨大的冰川正朝着海洋"爬"去；有的地方，强大的冰盖正沿着海面蔓延，形成了陆架冰川。

陆架冰川则是海上冰山的"供应者"。

据冰川学家们在最近几十年来的调查表明，现在已经可以回答"地球上到底有多少冰？"这个问题了。据估计，地球上冰的总体积为 2500 万～2700 万立方千米！不过，大量的冰都蕴藏在南极大陆上。

南极是一个真正的冰雪大陆。如果将南极的冰雪平摊在地球表面的话，就会出现一个名副其实的冰雪世界——地球表面的冰层平均可厚达 85 米！那么，如果让它们全部融化了呢？全世界所有的河流在 700～800 年内能流多少水，南极冰雪被融化后就有多少水啊！我们的地球上竟有这么多的冰雪，它的面积占整个陆地的 11%。

人们把冰岛称为"永久的冰雪之国"，它的俄语名称可以翻译为冰地。

在大冰期的年代里，整个冰岛都被深深地埋在好几千米厚的冰盖底下。后

南 极

来，当地球开始变得暖和以后，该岛上的大部分冰盖已退走了；不过，现在冰岛上大约 1/8 的土地仍被埋在冰雪底下呢。这里最大的一条冰川叫做法特那冰河，它的长度大约为 150 千米，在这条大冰川底部，埋藏着好几座活火山。

从冰岛的一些山上，流下来一条条水量丰富而多石滩的河流，不少河上都有风景如画的瀑布。这些由冰雪融化而形成的河水，看起来有点儿像牛奶；这些"牛奶"奔流在岩石河谷之中。

在前苏联，中亚细亚山区的永久冰雪最多了。面积达 1.7 万～1.8 万平方千米的土地，几个世纪以来一直被冰盖所封闭，而且，也可能已不止几个世纪了。

早在古代，塔吉克斯坦山区居民就已经知道如何加速冰雪融化的简便方法了。要达到上述目的，就得在积雪与结冰的地面上撒上一些烟灰、炉灰或煤粉之类。他们很久以前就发现，当火山灰落在冰川上的时候，冰川的融化速度就会大大加快。正因为如此，所以火山爆发以后常常会出现灾难性的大水灾。

中亚细亚地区河流的"生命"，在很大程度上都是靠天山和帕米尔支脉的冰雪来维持的。被严寒冰封在这里的水，到炎热的夏天就成为中、下游地区灌溉农田的活命水了。可是，大自然远远不是经常能提供充足的水源，因此人们必须改造自然，使它能变得有求必应。

今天的科学，已经发展到了可以解决这个艰巨任务的时候了。

前苏联科学院地理研究所进行过的人工融化冰川的试验表明，如果在冰川表面撒上足够的煤灰，它所在地区的河水年流量就可以提高5％！而春季河水流量增加得特别明显（可达2～2.5倍）；这时，恰巧正是棉田遭受旱灾袭击的时候。在进行人工融化冰川的时候，最好是在冰川表面撒上薄薄的一层煤灰，其厚以毫米为佳。如果这样做，每平方米的冰川上只需50～100克的煤灰或类似的物质就足够了。

在中亚细亚地区进行人工融化冰川的工作，是在万不得已的情况下才做的。这就要求所在地区的人们必须合理地使用冰川水，否则，就会使这个宝贵的水源消耗殆尽。

不过，世界上也有不少这样的地方：在那里，正如科学家们所认为的那样，并没有特别需要去关心冰川的储存情况；而且相反，如果能将这些地区从冰川的枷锁下解放出来的话，必将会使当地人民充满更加美好的前景——随着气候条件的改善，会涌现出大批的新居民点，而且还可以开发昔日冰州覆盖在地底下的矿物资源。

要做到这一点，首先必须进行复杂的实地考察工作。而最重要的是，既不能破坏大自然的平衡，也不能造成环境污染。这在我们国家的各种保护大自然的规定中都有明确而具体的要求。当前，有一批勇敢的、矢志不渝的科学工作者，正向冰川王国发起新的"冲锋"，他们决心进一步解开冰川的秘密。

还有一个很有趣的问题：现在地球上的冰川在发生着什么变化——是老样子？是在增加，还是在减少？

有一个时期，最先考察冰川的工作人员在想，冰川大概是永恒不变的吧！现在我们都知道，如果山区的冰雪不融化的话，那么那儿的一切生命早就该被冻死了。冰川每年都在用雪来充实自己，但每年也在为山下供应水，一些冰川增加了——接受了更多的冰雪，而另一些冰川却减少了。

人们曾认为，当代的地质时代是冰川退走期，可是，近几年来所进行的广泛调查却证明，真实情况并不完全如此。

山岳冰川不但已经不退走，而且有不少冰川甚至正在"进攻"呢。例如，阿拉斯加和加拿大西南地区的一些冰川就正在扩展着；中亚细亚的一些冰川也正在增加；而且阿尔卑斯山区还新出现了"进攻型"的山岳冰川。

大自然是否向我们发出了新冰期即将来临的信号呢？目前还难以做出肯定的答复。

彩虹之谜

在古代，由于对虹的形成原因还不甚了解，便出现了许多神话传说。有的说，"虹是天上的神仙架在天河上的渡桥"。有的说，"虹是老天爷的神棒、马鞭"。阿拉伯人说，"虹是光明神古沙赫休息时放在云端上的弓"。还有的说，"虹是欢乐女神的笑容"、"是月宫里的嫦娥挥舞的长袖"等。

意大利学者多明尼斯主教在1624年用自然科学的原理解释了虹的形成原因。但由于当时社会的落后和愚昧，竟把多明尼斯主教赶出了教会，判处了死刑，并把他的著作和尸体一起焚烧掉。后来法国科学家笛卡儿在水池旁边，看到了水池上面含有大量水滴的空中人造虹，他便用装有水的玻璃球进行了实验，并在1637年发表了关于虹的形成原因的文章，他在文章中说："虹是由于太阳光射入空中的水滴内发生反射和折射的结果。"但他还不清楚虹的颜色是怎样形成的。直到17世纪60年代，牛顿发现太阳光通过三棱镜的色散现象后，虹的秘密才被揭开了。

在盛夏和初秋季节里，下雨前后，当空气里还飘浮着许多小水滴时，在太阳光照射到这些小水滴上，由于发生折射作用，就改变了太阳光线散射开来，使之重新成为7种颜色；再经过地面的反射作用，就形成了从外向内排列顺序为赤、橙、黄、绿、青、蓝、紫的美丽

彩 虹

鲜艳的光弧，这就是虹。虹的颜色和宽度都与水滴大小有关，空中的水滴越大，虹的颜色越鲜艳，虹带越宽；水滴越小，虹的颜色越昏淡，虹带越窄。虹的出现，和当地的未来天气变化有着密切关系，我国劳动人民总结的"东虹日头西虹雨"的天气谚语，是符合科学道理的。我们居住的温带地区，高空的气流是有规律地自西向东移动的，所以，未来的阴晴风雨的天气变化，是和西方气流的性质有着密切关系的。"东虹日头"的意思，是说傍晚东方出现虹时，

预示第二天是晴天，因为东虹表明东方空气中的水滴虽多，湿度很大，但雨区将继续向东发展，不会经过本地区，所以当地不会下雨。而相对应的西方的干燥空气，将向本地移来，因此当地的第二天将是晴天。"西虹雨"的意思，是指早晨在西方出现了虹，不久将出现阴雨天气。这是因为西方空中含有大量的水滴，这些水滴将向东发展，移到本区来。再加上本地随着太阳的升高，蒸发加剧，低空的水汽不断上升到高空，与高空的水滴相遇，使高空中的水滴不断扩大增多，所以容易造成阴雨天气。

飓风非"匆匆"

飓　风

热带气旋在温暖的海洋大气中诞生之后，立刻就"踏"上了遥远的"征途"。它的速度起初不超过 20 千米/时。而在它到达温带纬度时，甚至还要停止若干次——好像在漫长的旅途之后稍事休息一样。

这就是说，飓风并不是像人们描绘的那样"疾驰"而过，也不是"突然袭来的"。真是这样的吗？我们的回答是，也是，也不是！

如果指大气涡旋本身的移动的话，我们说不是这样的；如果我们指的是在大气涡旋中刮的风，那么它就是这样的。在飓风内部，空气的圆周运动达到巨大的速度，本身就带有极大的破坏性。但是这个巨大的、疯狂回转着的大气"旋转木马"整体向前移动的速度并不是那么迅速——它一开始向西，后来改变了方向，又向东移动。

航行速度很快的远洋航轮可以毫不困难地躲避开临近的气旋。其实，也并非没有困难，因为有时候并不是那样容易确定，在哪个航向上最容易避开即将遇到的灾难。无线电和航空侦察，常常能帮助在大海中航行的人们。如果搞错了，而使船只落到飓风急剧改变后的路线上，危险性就特别大。

即使是大轮船，如果落到热带飓风地带，也是非常艰险的。巨浪汹涌地咆哮着，狂风怒号着，整个苍穹都仿佛开了洞，大雨从天而泻，海员们，特别是乘客们这时才真正体会到，什么是热带附近的海洋风暴。

在辽阔的海洋上发生气旋的时候，

你看不到那种"匀称"的波浪——像我们站在湖边，它们温柔地哗啦哗啦地在我们脚边拍击着湖岸那样。飓风疯狂地撕破了平静的海面，掀起层层巨浪，巨浪杂乱地撞击着，浓云密布，低低地擦过高高冲起的浪尖疾驰着，从浓云后面流泻出红红的光芒。在这难以描绘的天昏地乱中会突然冲起高达15～16米的巨浪。每一个这样的巨浪本身就带有极为巨大的能量，正如已经说过的那样，它的撞击就是对坚固的远洋巨轮也是不无危险的。这也就是为什么直到今天，海员的职业仍被认为是最艰苦的职业之一。要做一个真正的海员，必须具有勇敢、顽强和伟大的自我牺牲精神。

这种热带气旋的狂暴、肆虐，有时可以延续2个星期之久。当热带气旋在温暖的海洋上空移动时，它可以得到充分的"给养"。被这一巨大的天然"唧筒"吸进去的湿热的空气，只能加强它的力量。可是，气旋不能在一个地方停留很久，因为它不能停止自己的转旋。当气旋移入比较冷的地区时，由于得不到一定的能量供给，慢慢失去了力量，最后逐渐衰弱而消失。

台风之"眼"

在日本的神话中，风暴之神被描写成可怕的巨龙，在黑暗和大海的狂啸中，它在天上飞舞着。它用自己惟一的"眼睛"向下注视着，搜索着"猎物"——可以被摧毁的一切。

无论多么令人惊奇，但在这一幻想的形象中总含有某些从现实中得来的东西。热带气旋的确有一只独特的"眼睛"——至今仍是神秘莫测的、尚未仔细研究过的"眼睛"，虽然古代航海家都知道它，见过它。

台风眼

这是气旋的中心——这里天空晴朗，而同时飓风却在其周围怒吼和呼啸着。巨浪从四面八方向这里——向这个飓风中心飞驰而来。几年以前，美国学者曾经试图冲过飓风到风暴的"眼睛"中去，亲自看个究竟。虽然学者们乘坐的是巡洋舰，但科学探险仍以悲剧而告终。在太空传来求救信号前，观测者们从船上发来电讯："巨浪的高度达到40米。"

法国飞行员皮埃尔·安德烈·莫兰，是1959年"维拉"台风肆虐实况的见证人。从那个时候起，他决定要成为"猎取"台风的"猎人"。这样的"猎人们"，带着科学目的在热带飓风地区飞行，已经为科学作出了许多贡献。莫兰关于他们的探险，还写成了一本非常有趣的书呢！

现在，我们从这本书中摘取几个片段：

"黎明来临了，在我们面前展现出神奇的景象：整齐的云带横过我们前进的道路，伸延开去，这表明，我们正在向台风'眼'飞去。"

"大海汹涌澎湃，但是一种奇异观象出现在台风中，它展示着大自然的凶狠险恶——巨大长浪的方向，不以风向为转移，它可以迎着大风前进，这种海浪是在台风中心那巨大而奇怪的涌流中产生的。从这里，它们又以同心圆的形式四散开来。"

"与台风相遇的情景令人激动万分。我曾经看到过许多照片，但这一次它却是'栩栩如生'的，这一壮观愈来愈吸引住了我。我甚至觉得，自己能听到半径为300米的巨大气团旋转的轰鸣声；应当说，发动机隐约的隆隆声和汇合起来的电子'助手们'的不断的嗡嗡声，更加深了这一幻象。"

"过了片刻，台风的整个外形浮现在了雷达的荧光屏上，弓形带愈来愈密，它们好像在可怕的钟楼怪人克瓦西莫多的'独眼'周围收缩起来，于是，荧光屏上出现一个黑洞——风暴之'眼'。"

"现在我们已经不能看到大海在我们面前变成这种壮观之前，它是处于什么状态之中了。我们飞行在灰色的水上之夜中，仿佛这灰色的夜永无尽头，在它之后白日永远不会来临似的。水滴，确切地说，大桶大桶的水迎着我们飞来，由于速度极快，变成无形的了。它完全挡住了我们的视线。甚至可以这样怀疑：是空气动力学原理支持着我们呢，还是阿基米得的原理支持着我们？我们是在飞行呢，还是在漂浮。"

"我们继续向气旋深入。在气旋和飞机之间发生某种相互作用，交换冲击着，一种紧张的斗争伴随着的不是呼叫声，好像是某种连续不断的歌声。"

"也许，飞机之所以没有被折断，只是因为，当它被折到一边后，再也没有时间弯向另一边了。大家都沉默着，每个人都有足够的事情要做，根本没有时间交换思想。他们在听着，注意地听着飞机的隔框构架在如何'行动'。他们像医生一样，真正地是在对框架进行'听诊'。"

"我明白，为什么需要飞机尾部的那两个东西——它们观察着机翼，检查外壳板是否支持得住，副翼是否完好，发动机是否能牢固坚持住，在某些地方是否出现燃料漏失——这是内部是否被破坏的可靠标志，此外，飞机在台风中抛出去的探测气球，是不是落进了螺旋桨里。"

"毫无疑问，飞机上任何一种较大的损坏，都意味着它的坠毁，但是，如果能及时发现损坏，就还有可能转危为安——从台风中冲出来，发出呼救信号，跳伞或者将飞机降落在平静的海洋地区，等待援救的飞机或船只。"

"现在我们正处于风力最大的地带——辐合地带，也就是气流会合的地带，在这里大风仿佛揉成了一团，倾斜地被挤压在一起了，它拼命向巨大的低气压穴冲去，但它没能战胜神奇的墙界。"

"当我们觉得飞机仿佛被自然力狂行的最后一次爆发所抓住时,突然间寂静来临了。在这里平静地浮动着一些云彩。飞机好像又过渡到预计的飞行。这里就是台风之'眼'。在白日灰色的光亮中看不太清楚它,它的形状看起来比较模糊,填满它的卷云有时可以让我们向下看到狂乱地高高扬起的、泛着白沫的发绿的大海,不是看见它,而是根据温度和压力辨认出它来。"

"这里是整个台风系统中气压最低的地区,正因为这样,气团才急速向这个中心冲来,这里的温度也是最高的,因为吸引到这里来的大量湿润空气,将自己的潜热'贡献'出来了,从而引起上升的气流,它们又反过来降低大气压力,这样又导致吸收新的湿润气团。"

"这就是热带气旋魔鬼式的循环!"

"在台风的中心发源地,温度上升到极高的程度,使人不禁联想起大沙漠中灼热的风,由此可见被带到这里来的热量有多么巨大啊!与周围地区相比较,这里的温度要高出 1 倍,因此令人觉得,好像亲眼看到世界上最古老的蒸汽机似的。在3000 米的高度——永久积雪线上,飞行有时是在25~30℃的温度条件下进行的。"

"'向后转,进入风暴!'机长马特钦命令到。"

"为了从风暴中'突围'出来,必须返回到风暴中去,因为台风的特殊逻辑就是这样的。"

"我们已经放过探测气球,并且从气球上得到了资料。随航的天文学家结束了自己的观察:温度、干球温度表和湿球温度表、压力和无线电测量高度、海面风力测量、风速。大尉法尔姆和中尉哈亚西确定了台风'眼'的坐标。所有这些资料都被译成电码,已经开始把它们传播到整个太平洋。现在需要再次横穿这堵'墙',劈越这个神奇的界限;在这个界限的另一边,你会转瞬之间从平静的边缘突然落进狂风暴雨之中。"

"大家准备停当,严阵以待。转瞬间,我们已经在这堵'风暴之墙'中了,我们正在穿过它,于是凶暴的突然撞击又开始了。"

"但是在从台风中出来时,幸运的是,愈往外飞,愈感到轻松。"

"我们的飞机大约每隔半小时向外传送一次消息。观察的时刻和工作人员得到资料之间的这段时间,一般不超过 1 刻钟,最多不超过半小时。为了在发生危险时能得到及时救援,所能做到的只有一件事——这就是及时发出警报。追逐台风的'猎人们'所起作用的全部重要性是显而易见的,还有关于台风所要'追逐'的三个问题他们也是很明确的:台风在什么地方?它的力量究竟有多大?它向何处移动?"

"我们终于从台风中闯了出来。太阳,真正的太阳,在辽阔的海洋上空照耀着我们,照耀着一望无际的大海。大约在当地时间11点钟,我们飞过两艘轮船的上空,其中一艘大概是去菲律宾或香港的,而另一艘在向太平洋中部的岛屿航行。这两艘轮船都逃过了毁灭的命运,毫无疑问,这是由于联合中心发出了台风预报。"

"我们进入了台风右前方的正方形区域中，这是台风活动最危险的地带。战斗又开始了，这次的战斗比前次更加激烈。我们正处于最可怕的地带之中。从来没有过两个相同的台风，而且就是同一个台风也是时刻变化无穷的。我们接近台风的'眼睛'愈近，震动的力量也变得愈大。震动几乎是连续不断的，飞机振动着，由于猛然一起伏，我们觉得心脏和胃好像都被从原来的地方掉下来似的，体内器官的血也在急剧涌流着。"

"我们第二次来到了台风'眼'中——正在它的中心。但这时'眼睛'已经不像是从前那样的了，它变宽了，在它中间浮动的云彩也消失了。"

"一幅最宏伟最激动人心的景象出现在我们眼前，这一景象只有大自然才能创造。到台风'眼'中去过的所有的人，从那里返回时，总是带着半惊半喜的可笑感情，这种感情是语言所不能形容的。在螺旋桨隆隆的声音后面，我们感觉到，或者准确些说，是猜测到那种寂静——一种突然的和紧张的寂静，照一个海员的话说，我们宁可听到狂暴的大自然力量的怒吼，也不要这可怕的寂静。"

"我们在直径为22千米的'井'里飞行，高度为3000米，'井'中浮动着卷云，平静地、像玩具似地浮动着。这口'井'的井壁形成了毫无动静的风暴——被一种神奇的命令、一种看不见的界限所遏止的沸腾的云，被最严酷的痉挛紧抱住。这些云，就像杂技表演场中关在笼子里的野兽那样听命于驯兽者所使的催眠术。它们好像在等待着我们，在我们飞成的8字形的两端暗中守着，一会儿向左，一会儿向右地转着，当飞机倾斜盘旋时，我们抬眼看着井壁的顶端——从'井中'到出口处，在我们上面还有15000米。我们惊奇地看到，这些沸腾着的，15千米高的井壁正在展开，这是一个巨大的深渊，是一个圆洞，我们就把这整个现象称作台风'眼'。"

"在这个'火山口'的上空（所有研究地壳的地质学家们都幻想看到这样的'火山口'），可以看到蔚蓝的天空——夏季海滨浴场的晴朗天空，它使人想起欢乐和休息，还可以看到生气勃勃的太阳，它把自己的光线几乎是垂直地抛散进这个无底深渊。"

"可是，太阳扬起了惊涛骇浪，这情景永远留在从其中得救的人们的记忆中。被掀起的无比巨大的反自然力的浪头，从阴暗的云幕后冲出来，出现在这里，在阳光的照耀中它们是那样巨大，甚至从这里，从3000米高度看起来都是可怕的。这些浪头是那样巨大，简直令人难以相信它们的存在——它们高达25～30米（八层楼的高度），沿巨浪后面斜坡滚下来的浪流长度达几百米，仿佛是展示它们威力的恶魔的斗篷。无疑地，这些巨浪是台风最可怕的，最能带来毁灭和死亡的产物。"

"'向后转，进入风暴!'"

"我们又一次穿进风暴之墙，再次回到白夜的世界，狂乱撞击和跳跃的世界。"

"最后，我们彻底离开了'卢夫'台风，向南飞行，终于回到平常飞行的大气层中。"

奇异的时空隧道

1934年，英国皇家空军飞行员戈达德在一次飞行任务中，当飞机抵达苏格兰上空时，因为遭遇风暴而迷失方向。戈达德急需一个熟悉的陆标，于是，他就降低飞行速度穿过云层低飞，以便可以看到记忆中过去被废弃的德兰姆机场。

很快，他就看到了地面上的德兰姆机场。可是他简直不敢相信自己的眼睛：机场竟然变成了一所完全陌生的空军学校！而且整个校区一片明亮，非常繁忙，穿着蓝色工作服的机械人员正在阳光下修理黄色的飞机。奇怪的是，尽管飞机离地面非常近，而下面的人竟没有抬头注意到他发出巨大声响的飞机。惊愕之中，戈达德又飞回云层之中。几年后的事实证明，由于战争原因，弃置的德兰姆机场再度开放，改为空军训练学校，训练飞机也由银色改为黄色。原来，戈达德竟在无意中飞入了1937年即3年后的未来！

1970年，一架波音727喷气客机在飞往美国迈阿密国际机场途中，突然无故"失踪"10分钟。10分钟后，客机同样在原来的地方出现，并安全飞抵目的地。可是客机上所有人都不知道发生

了什么事，而最终令他们相信自己"失踪"的理由，是因为所有人的手表都慢了10分钟。

1971年8月，前苏联一名飞行员驾驶飞机在做例行飞行时，无意中"闯入"了古埃及，他看到了金字塔建造的场面：在一望无际的沙漠中，一座金字塔巍然矗立，而另一座则刚刚动工。

1982年，一名北约飞行员在一次从北欧起飞的飞行训练中，视野中突然出现了数百只恐龙。这表明，飞机竟然来到了史前非洲大陆！

1986年，一名美国飞行员驾驶侦察机飞越佛罗里达州中心城区时，突破来到了中世纪的欧洲上空，看到了欧洲历史上著名的因鼠疫而引发的"黑死病"所造成的令人毛骨悚然的恐怖景象。

1994年初，一架意大利客机在非洲海岸上空飞行时，客机从控制室的雷达突然屏幕上消失。正当地面工作人员焦急之际，客机又在原来的空域出现了，雷达又追踪到了它的讯号。最后，这架客机安全降落在意大利境内的机场。然而，客机上的机组人员和315名乘客对曾经"失踪"的事却一无所知。然而事实却不容争辩，到达机场时，每个乘客的手表都慢了20分钟。

著名的"泰坦尼克"号游轮的遇难者再现也是件十分令人震惊的事件。

1912年4月15日，世界最大的豪华游轮"泰坦尼克"号在首航北美的途中，因触撞流动冰山而不幸沉没，造成了1500多人死亡。

1993年3月8日，美国的《太阳

"泰坦尼克"号

报》突然报道了"泰坦尼克"号船长史密斯"再现"的"秘闻"。紧接着，英、美各报对这个奇特的超自然现象都做出了具体的报道（仅是"报道"），从而成为"时空隧道"的热门话题。

1991年8月9日，欧洲一艘科考船在冰岛西南387千米处，发现一座冰山上坐着一位60多岁的男子。他穿着20世纪初的船长制服，吸着烟斗，双目眺望着大海。但没人会想到，他就是80年前沉没在大西洋中的"泰坦尼克"号船长史密斯！

科考船救上了史密斯船长，并将他被送往奥斯陆。在医院里，经精神病心理学家检查后，确认史密斯船长生理和心理一切正常。1991年8月18日，经英国海事机构的指纹和照片验证和航海记录表明，救起的这位老人确实就是史密斯船长，他现在有140多岁了。据海洋学家称，在营救史密斯船长时，他拒绝援救，并称要与"泰坦尼克"号共存亡。史密斯船长一直认为，"泰坦尼克"沉没就发生在昨天。这该如何解释呢？欧美有关海事机构认为，史密斯船长就是属于"穿越时光再现"的失踪人。

对于众多难以解释的现象，专家们认为惟一的解释就是：在空间存在着许多一般人用眼睛看不到却客观存在的"时空隧道"。历史上，神秘失踪的人、船、飞机等，实际上就是在事件发生的一刹那进入了这个神秘的"时空隧道"；或者说出现了时空倒流。

然而时光真的可以倒流吗？有科学家认为，从理论上来说，时光倒流，回到从前，并非绝对不可能。根据爱因斯坦的相对理论，当物体的运行速度超过光速时，便可能回溯到过去的时间。然而，这还仅仅是纯理论的论证，以目前人类的科学技术能力，还难以得到确凿的证据。更何况，上述事件中的那些飞机速度和轮船速度虽然很快，但比光速还是要慢得多的，那么它们又是怎样进入"时空隧道"的呢？

也有学者认为，"时空隧道"可能与宇宙中的"黑洞"有关。"黑洞"是人眼睛看不到的吸引力世界，然而却是客观存在的一种"时空隧道"。人一旦被吸入"黑洞"中，就什么知觉都没有了。而当他回到光明世界时，只能回想起被吸入以前的事，至于进入"黑洞"遨游多长时间，他都一概不知。

也有学者反对这样的假设，认为这不能说明问题。比如"泰坦尼克"号游轮与乘客同时沉没、消失，乘客们进入了"时空隧道"，那么为什么游轮没有进入？如果游轮也同时进入，那它应该和船长史密斯同时再出现才对啊？

这一系列的问题，目前都难以解

释，因此只能有待科学家们继续探索，来解开这自然之谜了。

厄尔尼诺现象

"厄尔尼诺"一词来源于西班牙语，原意为"圣婴"。19世纪初，在南美洲的厄瓜多尔、秘鲁等西班牙语系的国家，渔民们发现，每隔几年，从当年的10月至次年的3月，就会出现一股沿海岸南移的暖流，使表层海水温度明显升高。在南美洲的太平洋东岸，本来盛行的是秘鲁寒流，而随着寒流移动的鱼群也使秘鲁渔场成为世界四大渔场之一。但是，当这股暖流出现后，性喜冷水的鱼类就会大量死亡，让渔民们遭受灭顶之灾。由于这种现象最严重时多出现圣诞节前后，因此渔民们就将其称为上帝之子——圣婴。

早期，人们对东太平洋出现的暖洋流还很兴奋，甚至欣喜地为其取名为"上帝之子"，一是由于它常发生在圣诞节前后，更主要原因则是它与当地的丰收年景有关。

1925年，人们目睹了秘鲁附近发生的暖洋流，当年3月沙漠地区降雨量就多达400毫米，而前5年的降水总和还不足20毫米。结果沙漠变成了绿洲，几乎整个秘鲁都覆盖着茂密的牧草，羊群成倍增多，不毛之地也长出了庄稼……尽管人们也发现，许多鸟类死亡，海洋生物遭到破坏，但人们依然相信是"圣婴"给他们带来了丰收。

多年过去了，人们对厄尔尼诺现象也有全新的认识，尤其是其对生态、环境、气候乃至世界经济的影响，都有了很深刻的认识。科学家确信，厄尔尼诺，尤其是强厄尔尼诺，会给世界经济带来巨大的灾难。美国《纽约时报》和《洛杉矶时报》提供的评估材料显示，1982－1983年的厄尔尼诺事件中，秘鲁是受害最重的国家之一。事件发生前，秘鲁供应的鱼粉占世界38％，而1982－1983年秘鲁的捕鱼量从过去的1030万吨减少到了180万吨；美国作为鱼粉的代用品——黄豆的价格暴涨3倍，饲料价格上涨反过来又使鸡的零售价猛涨；菲律宾干旱严重，导致椰子价格大幅上涨，这又使制造肥皂和清洁剂的成本大大提高……1997年8月，世界气象组织指出，1982－1983年的厄尔尼诺，造成全球130亿美元的直接经济损失，间接损失和潜在影响更是难以估计。

科学家认为，1871－1997年发生的30余次厄尔尼诺事件，对世界的影响弊大于利。特别是20世纪90年代以来发生的4次厄尔尼诺，使太平洋沿岸国家遭受重大损失：澳大利亚发生数十年来最严重的干旱，粮食持续减产，经济作物破坏严重；印尼、澳大利亚森林大火损失惨重；美国东部出现少有的寒冬，造成能源、交通运输等经济损失数百亿美元；东亚许多国家经历了少有的冷夏，水稻严重减产。

我国科学家认为，厄尔尼诺对我国的影响明显而复杂，主要表现在5个方面：①厄尔尼诺年夏季主雨带偏南，北方大部少雨干旱；②长江中下游雨季大多推迟；③秋季我国东部降水南多北少，易使北方夏秋连旱；④全国大部冬暖夏凉；⑤登陆我国台风偏少。

在探索厄尔尼诺现象形成原因时，科学家们发现了一些巧合现象：20世纪20—50年代，是火山活动的低潮期，也是世界大洋厄尔尼诺现象次数较少、强度较弱的时期；而50年代以后，世界各地的火山活动进入了活跃期，此时大洋上厄尔尼诺现象次数也相应增多，且表现十分强烈。根据近百年的资料统计，75%左右的厄尔尼诺现象都是在强火山爆发后1.5～2年间发生的。这种现象引起了科学家的特别关注，有科学家就此提出，厄尔尼诺暖流是海底火山爆发造成的。

近年来更多的研究发现，厄尔尼诺事件的发生与地球自转速度变化还有关。自20世纪50年代以来，地球自转速度破坏了过去10年尺度的平均加速度分布，一反常态呈4～5年的波动变化。一些较强的厄尔尼诺年平均发生在地球自转速度有重大转折的年里，尤其是自转变慢的年份。地转速率短期变化与赤道东太平洋海温变化呈反相关，即：地转速率短期加速时，赤道东太平洋海温就会降低；反之，地转速率短期减慢时，赤道东太平洋海温就会升高。这表明，地球自转减慢可能是导致厄尔尼诺现象的主要原因。

此外，还有科学家称，近些年厄尔尼诺现象频频发生，且程度加剧，可能同人类生存环境的日益恶化也有一定关系。有科学家从厄尔尼诺发生的周期逐渐缩短这点推断，厄尔尼诺的猖獗同地球温室效应加剧引起的全球变暖有关。就是说，人类自己的双手也助长了"圣婴"的作恶。当然，要想证明全球变暖对厄尔尼诺现象是否起了推动作用，还需要大量的科学佐证。但是，厄尔尼诺现象频繁发生，也可能会产生一个更温暖的世界。

在深入探索厄尔尼诺与气候变化的关系过程中，科学家又发现了与其性格相反的拉尼娜现象，有人称之为圣婴的邪恶妹妹"女婴"。

拉尼娜现象虽然威力不及厄尔尼诺现象，但也给人类造成了相当伤害。拉尼娜现象也是每隔几年出现一次，是东太平洋沿着赤道酝酿出的不正常低温气流，导致气候异常。其发生频率比厄尔尼诺现象低，上次较强的情况发生在1988—1989年间。1988年夏，北美的气候干旱现象烤焦了从加利福尼亚到佐治亚的大片土地，使谷物收成减产了1/3。美国西部森林火灾不断，著名的黄石国家公园一度被大火所吞。随后，飓风又从加勒比海上空呼啸而过，侵害了多数的中美洲国家，仅尼加拉瓜一国的损失就达数百万美元，致使500多人死亡，成千上万人无家可归。

1998年5月，厄尔尼诺现象刚刚结束，全球气候尚未恢复正常，拉尼娜现象就又出来作祟，令不少地方分别出现严寒、冬暖、风雪、干旱和暴雨等灾害。从世界范围来看，拉尼娜现象主要在南部非洲引起暴风雨和洪灾，在肯尼亚和坦桑尼亚引起干旱，在菲律宾和印度尼西亚等地酿成洪灾，在南美洲的南部地区导致天气异常干燥少雨，与厄尔尼诺引起的现象正好相反。

那么，拉尼娜究竟是怎样形成的？事实上，厄尔尼诺与赤道中东太平洋的海温增暖、信风减弱密切相关；而拉尼娜则与赤道中东太平洋海的温度变冷、信风增强相关联。因此，拉尼娜其实是热带海洋和大气共同作用的产物。

海洋表层的运动主要受海表面风的牵制。信风的存在，使大量暖水被吹到赤道西太平洋地区，赤道东太平洋地区的暖水被刮走了，就要靠海面以下的冷水来补充，因此赤道东太平洋的海温比西太平洋明显偏低。而当信风加强时，赤道东太平洋深层海水上翻现象就会增强，导致海表温度异常偏低，气流在赤道太平洋东部下沉；而气流在西部的上升运动却会加剧，有利于信风加强。这又进一步加剧了赤道东太平洋冷水发展，从而引发所谓的拉尼娜现象。

可见，拉尼娜与厄尔尼诺"性格"相反。随着厄尔尼诺的消失，拉尼娜的到来，全球许多地区的天气与气候灾害也发生了转变。总体说来，拉尼娜并非性情十分温和，它也可能给全球许多地区带来灾害，气候影响与厄尔尼诺大致相反，其强度和影响程度不如厄尔尼诺。

但是，我们人类是否也应该反省一下，为什么20世纪以来会出现这么多频繁的自然灾害呢？

会发声的鸣沙

鸣沙，也叫"响沙"、"消沙"或"音乐沙"，是指沙子会发出声音，属于一种普遍存在的自然现象。在美国的长岛、马萨诸塞湾、威尔斯两岸；英国的诺森伯兰海岸；丹麦的波恩贺尔姆岛；波兰的科尔堡；还有蒙古戈壁滩、智利阿塔卡玛沙漠、沙特阿拉伯的一些沙滩和沙漠，都会发出奇特的声响。据说，世界上已经发现了100多种类似的沙滩和沙漠。

人们发现，鸣沙一般会在海滩或沙漠里。鸣沙发出来的声响，一般都是在风和日丽或刮大风时，要不就得有人在沙子上边滑动时。潮湿的天气、雨天和冬天，鸣沙一般不会发声。另外人们还发现，只有直径是 0.3～0.5 毫米的洁净的石英沙，才能发出声响，而且沙粒越干燥声响越大。

鸣沙在世界上不仅分布广，沙子发出来声音也是多种多样的。比如，在美国夏威夷群岛的高阿夷岛上的沙子，会发出一阵好像狗叫的声音，所以人们称它是"犬吠沙"；苏格兰爱格岛上的沙子能发出一种尖锐响亮声音，好像食指在拉紧的丝弦上弹了一下；在中国的鸣沙山滚下来，那沙子会发出轰隆的巨响，像打雷一样。

中国也有3处著名的鸣沙地，第一处是甘肃省敦煌县城南6000米的鸣沙山。《太平御览》和《大正藏》这2部书中都曾记载过它，那时候称它为"神沙山"、"沙角山"。鸣沙山东西大约有40千米长，南北大约有20千米宽，高有数十米，山峰陡峭。它的北麓就是著名的月牙泉。

如果登上鸣沙山向下看，只见沙丘一个接一个；如果从山顶顺着沙子下滑，沙子就会发出阵阵的声响。据史书记载，天气晴朗时，鸣沙山上就会有丝竹弦的声音，好像在演奏音乐一样，所以人们称它为"沙岭晴鸣"，也是敦煌的一大景观。

关于鸣沙山，还有一个传说。古时候有一个大将率领军队出征作战，曾在此宿营。一天夜晚，天上突然刮起狂风，黄沙漫天飞舞，遮天盖地，神鬼哭泣。风停后，大将和士兵全都被埋在漫漫黄沙下边，没有一个能够活下来。后来，人们就时常听见从山上沙子里传来阵阵鼓角之声，就仿佛那名大将正在带领军队行军作战，所以人们就把它叫做了"鸣沙山"。

中国第二处鸣沙地是宁夏回族自治区中卫县的沙坡头黄河岸边的鸣沙山。中国著名的科学家竺可桢在《沙漠里的奇怪现象》一文中描述过它：沙高约100米，沙坡面南坐北，中呈凹形，有很多泉水涌出，这块沙地向来是人们崇拜的对象。据说，每逢农历端阳节，男男女女便会听到这块沙地发出的轰隆巨响，像打雷一样。

第三处鸣沙地是位于库布尔漠罕台川两岸的响沙湾。响沙湾位于内蒙古自治区达拉特旗南25千米的地方，又叫

"银肯响沙"。这处沙山有60米高，100米宽。只要一走进响沙弯，就会听到各种声音，有的像手风琴拉出的低沉乐声，如泣如诉；有的又像叮当作响的银铃，如醉如狂。

究竟是什么原因使得沙子发出各种各样的声响呢？古代由于科学不发达，人们认为这是神鬼作怪，是地狱的魔鬼在喊叫。现在科学发达了，能否用科学的方法解释这一现象呢？于是，科学家通过研究和试验，就提出了各种各样的看法。

有人认为，沙粒和沙粒之间的空隙有空气，空气在运动时就相当于构成了一个个"音箱"。当沙丘山崩塌以后，空气在空隙之间出出进进，就会引起空气振动。当空气振动频率刚好与这个无形的"音箱"产生共鸣时，沙子就会发出声响。

还有人认为，由于不同的风向长期吹动沙粒，使它们变得颗粒大小均匀，非常洁净，也具有了像蜂窝一样的孔洞。而鸣沙之所以能发出声响，可能就是由这种具有独特表面结构的沙粒之间的摩擦共振造成的。

前苏联的一位科学家在考察前苏联卡尔岗上的鸣沙后，提出了这样的一种看法。他认为，每个沙丘的内部都有一个密集而潮湿的沙土层，它的深度随雨水的多少而改变的。夏天雨水多的时候，潮湿层就比较深，就被上面的沙土层全部覆盖起来，而潮湿层的底下又是干燥的沙土层，这就可能构成一个天然的共鸣箱。当沙丘崩塌、沙粒沿着斜坡

向下滑动时，干燥沙粒的振动波传到潮湿层时，就会引发共鸣，使得沙粒的声音扩大无数倍而发出巨大的声响。

前苏联另一个学者在考察我国宁夏的鸣沙山和内蒙古的响沙湾后，发现这2处鸣沙地都属于细沙尖，当中的石英沙占了其中的1/2多。据此他认为，石英沙里有石英晶体。石英晶体具有特殊的压电性质，使得沙里的这些石英沙粒对压力非常敏感。只要一受挤压，就会带电，在电的作用下它又会来回伸缩振动。振动越厉害，产生电压越高；电压越高，振动就越厉害。如此一来，沙子就会发出奇妙的声响。

不过，石英沙分布很广泛，响沙却没那么普遍，而且一般的鸣沙换了地方，就会变成"哑巴"，什么声响也不会发出来。所以有人认为，鸣沙的形成和当地的特殊地理环境也有关。

1979年，我国学者提出新的见解，认为响沙的"共鸣箱"不在地下，而在地面上的空气里。响沙发出声响，应有3个条件，①沙丘要高大陡峭；②背风向阳，而且背风坡沙面必须是月牙状的；③沙丘底下一定要有水渗出，形成泉和潭，或有大的干河槽。同时还提出，由于空气湿度、温度和风的速度经常变化，不断影响着沙粒响声的频率和"共鸣箱"结构，再加上策动力和沙子本身带有的频率变化，所以响沙的声音也会经常变化。

不过也有人不同意这种看法，因为国外一些海滨的响沙沙滩非常平坦，根本不存在又高又陡峭的月牙形沙丘，而

且经常只会在下雨后，表面层刚刚干燥时发出声响。比如日本京都府北侧有个丹后半岛，那里的海水浴场上有2处鸣沙地，2处滩涂的声响不仅音色完全不一样，而且季节不同发出来的声响也不一样。所以有日本学者认为，海滨响沙最重要的条件是要有洁净的海水不断冲刷。如果海水弄脏了，沙子就不响了。

由此可见，关于鸣沙的秘密至今还没有一个令人满意的答案，希望科学家通过不断探索，能在不久的将来给我们一个满意的结果。

海底下沉谜团

海洋中最深的地方是海沟，它们的深度基本都在6000米以上，而且海沟附近发生的地震是十分强烈的。据统计发现，全球80%的地震都集中在太平洋周围的海沟及附近的大陆和群岛区内。这些地震会释放出大量的能量。据估测，地震每年释放的能量几乎能与爆炸10万颗原子弹相比。有趣的是，海沟附近发生的都是浅源地震。而向着大陆方向，震源的深度才会逐渐变大，最大深度可达700千米左右。如果我们把这些地震震源排列起来，就会构成一个从海沟向大陆一侧倾斜下去的斜面。

1932年，荷兰人万宁·曼纳兹利用潜水艇测定海沟的重力，结果他奇怪地发现，这些海沟地带的重力值都非常低。这个结果使他感到很迷惑，因为根据地块漂浮的地壳均衡原理，重力过小

的地壳块体应向上浮起才对，而实际上海沟却是在如此深的地方。经过研究，曼纳兹认为，可能是海沟地区受到地球内部一股十分强大的拉力作用，才呈现出下沉的趋势，从而形成了幽深的海沟。

20世纪60年代，人们通过探索逐渐认识到，大洋中脊顶部是新洋壳不断生长的地方。在中脊顶部，每年都会长出几厘米宽的新洋底条带，面积约达3平方千米。而地球表面的面积却并没有逐年增大。由此可见，每年也必定会有等量的洋底地壳在其他别的地方被破坏消失了，这样才能均衡。

科学家发现，在地下100～200千米厚的坚硬岩石圈下面，是炽热、柔软的软流圈，在那里是不可能发生地震的。而之所以发生中、深源地震，应该是坚硬岩石圈板块下插了软流圈中的缘故，这些中、深源地震就发生在尚未软化的下插板块之中。海沟地带两侧板块相互冲撞，从而激起了全球最频繁、最强烈的地震。也正因为洋底板块沿海沟向下沉潜，才造成了如此深的海沟。

通过以上分析，可以看出曼纳兹的理论也是有道理的。

那么，究竟是什么力量导致洋底板块俯冲潜入地下的呢？

日本有学者研究后认为，洋底岩石圈的密度较大，而其下面的软流圈密度却偏低，所以洋底岩石圈板块容易沉入软流圈中。俯冲过程中，随着温度和压力升高，岩石圈也会发生变化，密度也会进一步增大。这就如同桌布下垂的一角浸入到一桶水中一样，变重了的湿桌布可能会把整块桌布都拉向水桶。海沟总长度最长的太平洋板块，在全球板块中具有最高的运动速度，因此研究人员据此认为，海沟处下插板块的下沉拖拉作用可能是板块运动的重要驱动力。如果事实真的如此，那么洋底板块应该遭受到扩张应力作用。而近年来的测量发现，洋底板块内部却是挤压应力占优势。这一事实对于重力下沉的说法是个不小的打击。

另外，还有一些学者提出地幔物质对流作用的观点。这种观点认为，大洋中脊位于地幔上升流区，而海沟则处在下降流区，正是汇聚下沉的地幔流把洋底板块拉到地幔中去的。

这一看法与上述万宁·曼纳兹的见解是一脉相承的。但是，目前还是缺乏地幔对流的直接证据。而且，还有一些学者认为地幔物质的黏度太高，很难发生对流。因此，对于海底为什么会出现下潜的问题，科学家们仍在积极地进行研究和探索。

南海之"魔鬼三角"

南海，又名南中国海，是我国的三大边缘海之一，介于中国大陆、中南半岛、菲律宾群岛、加里曼丹岛和苏门答腊岛之间。其东北部濒临台湾海峡与东海相接，东部由巴士海峡沟通向太平洋，南部有马六甲海峡与印度洋、安达曼海相连。南海总面积为

350 万平方千米，最深处为 5559 米，平均深度 1212 米。

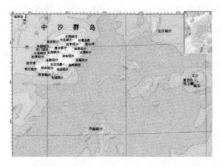

南 海

在南海海域，曾先后发生过一些零星的船毁人亡事件，但是均没有引起世人的关注。真正开始"恶名"远扬，是 1979 年 5 月后，在 10 个月的时间内，连续有 3 艘海轮都在此处不明真相地失踪了。

首先遭噩运的是"海松"号。1979 年 5 月，菲律宾货轮"海松"号正航行在南海海域，当时天空晴朗，海面水平如镜，一切正常。就在此时，马尼拉南港海岸防卫队无线电控制室内，突然收到了一个紧急讯号："海松"号货轮在台湾以南、吕宋岛以北海域遇险，与陆地失去了联系。

这件事发生后，有关方面进行了大规模的救援和搜索行动，但都毫无结果。上千吨的"海松"号及船上的 25 名菲律宾籍、日本籍船员，从此都无影无踪了。

1979 年 12 月 16 日，在"海松"号失踪的同一海域，由菲律宾马尼拉驶往台湾的"安古陵明"号货轮，也同样在南海海域神奇地消失了。

1980 年 2 月 16 日，灾难降临到了东方航运公司的"东方明尼空"号改良式货轮上。当该船航行在香港和马尼拉之间时，东方航运公司马尼拉办事处的通讯控制室中，接到了这艘载重上千吨、设施先进的货轮发出的求救信号后，该货轮就失去了联系。此后，"东方明尼空"号就杳无音讯，船上 30 名菲律宾船员也一起失踪了。

自从发生这些事情后，南海"魔鬼三角区"逐渐引起了世人瞩目。

随着南海三角区频繁出事，人们发现，南海的魔鬼三角区出现并导致"船毁人无"事件，主要有 2 个特点：①事出突然，没有任何先兆；②失踪的船只和人员都不留痕迹。因此，其恐怖性不亚于地球上的其他"魔鬼三角区"。

其实，早在 700 多年以前，南海中存在"魔鬼三角区"就已被古人发现并记载下来。南宋周去非所著的《岭外代答》一书中曾写到："海南四郡之西南，其大海日交趾海，中有三合流，波头喷涌，而分流为三，其一南流，通道于诸藩国之海也；其一北流，广东、福建、浙江之海也；其一东流，人于无济。苟入无风，舟不可出，必瓦解于三流之中。"大意即是：南海中的交趾海域有东、南、北三股合流，海上无风，也会波浪翻滚，船只无法前行，结果常常酿成灾难。

那么，到底谁是什么东西在南海的"魔鬼三角区"兴风作浪呢？对此，专家们众说纷纭，主要说法有以下几种：

（1）天体因素：有研究者认为，当太阳、地球和月球三体成一线时，或月球、地球与一个强宇宙射电源星体成一线时，就会对地球产生各种物理效应，引起地球局部地区瞬间的引力增大。而南海的"魔鬼三角区"正是处于这个"引力点"的，因而巨大的引力才会导致船毁人亡。

（2）洋流因素：在南海海域，主要有沿岸流、南海环流、南海暖流，以及从巴士海峡进来的黑潮分支，再加上台风和季风交替出现，便会引起海洋涡旋、上升流频繁出现，具有形成海难的基础条件。从这点上来说，南海"魔鬼三角区"并没有什么魔鬼。

（3）地形因素：科考人员勘察表明，南海是一个"危险地带"，那里不仅岛屿众多，而且海底地形复杂，甚至包括一个范围很大的平原，上面长满了珊瑚礁，里面的一些峡谷纵横交错，险象环生，这也许就是南海"魔鬼三角区"的"魔力"之一。

（4）外星因素：南海"魔鬼三角区"失踪事件不断发生，因此，一些富有想象力的研究人认为，在南海中，也存在着一个类似百慕大"魔鬼三角区"的外星文明的海洋基地。失踪的船只和船员可能是被外星人"劫持"了，所以才会出现生不见人、死不见尸的奇事。

南极奇湖

谈到南极洲，人们总会联想到皑皑白雪、坚冰酷寒，或是极昼、极夜、冰盖……然而令人惊讶的是，科学家们在这个冰封雪裹的世界里，却发现了一个水温高达25℃的热水湖。

南极洲

这个热水湖名叫华达湖，位于南极洲威特尔冰谷中央。它是咸水湖，湖水的含盐量要比地球各海水的含盐量高出5～6倍。华达湖的湖底深达66米，湖表面虽有薄薄的冰层覆盖，冰层下水温为0℃，但在水深1.5～40米之间，水温却上升到了7.7℃左右；而在距湖底60米处，湖水温度骤升，竟高达25℃。南极洲干冷世界中，出现了这一十分温暖的湖泊，给科学界带来了难解之谜。

围绕着南极为何会出现热水湖的问题，科学家们进行了深入的考察，也提出了各种各样的看法，并对形成原因争论不休。其中，有2种观点颇得人们的赞同，一种是太阳辐射说，另一种是地热活动说。

持太阳辐射说观点的科学家认为，热湖是太阳辐射能量的积蓄。南极的夏季日照时间长，湖面接受的太阳辐射能也较多，从而导致湖面水温升高。而湖面水由于冬季结冰盐度增高，致使密度变大。因此，即使夏季水温升高时，表面水的密度仍然维持较大的数值，从而导致温暖的表面水下沉，使底层的水温变高。

对这一说法，也有人持反对意见。这一观点认为，南极夏季日照时间长，但天气终日阴沉，因此到达地面的太阳辐射其实很弱；况且冰面又会反射90%以上的辐射能，到达地面的辐射能就更少了，不可能会使湖面水温升得那么高。再说，暖水下沉后，必然会使整个水层的水温都升高，而不可能仅使底层的水温增高。

这样，太阳辐射说就很难站住脚了，因而地热说逐渐占了上风。

地热活动说认为，华达湖距离罗斯海50千米，而罗斯海靠近正处于活动期的墨尔本火山和目前仍在喷发的埃里伯斯活火山。这表明，这一带地底岩浆活动比较剧烈，岩浆上涌现象严重。而受地热的影响，湖水的温度就会出现上冷下热现象。

这一解释非常直观，也容易被人接受。但是，国际南极干谷钻探计划实施后，人们了解到，华达湖所在的赖特干谷区中并没有地热活动，这也彻底否定了地热活动说。

随着地热说的被否定，太阳辐射说重新被人们提起。美国学者威尔逊和日本学者鸟居铁也就是太阳辐射说的主力派。而且经过多年研究，他们还提出了新的论点，从而获得了更多人的支持。

他们认为，尽管南极夏季的日照时间特别长，但因为天气终日阴沉，加上冰面的强烈反射，地面接收到的太阳辐射能的确少得可怜。然而，冰是有一定透明度的，对太阳光也有一定的透射率，因此表面以下的冰层也或多或少地获得太阳辐射的能量。再加上当地风大，冬季积雪被风吹走，积雪层很薄，多为裸露的岩石，这也使得夏季地面吸热增多，气候较为温暖。久而久之，表层及以下的冰层温度就会有所上升，最后达到使之融化的地步。又因为湖水底层盐度较高，密度较大，底层水就不会升至表层，结果就使高温的特性保留了下来。同时，表层冬季有失热现象，底层则依靠其上水层的保护，失热微小，因而底层水温特高。

近年来，科学家们也观测到，湖水底层的水温却有缓慢升高的趋势，而且还发现了氯化钙之类的盐类溶液，这些盐类的确可以有效地蓄积太阳热。这也为这一理论提供了有利的依据。

但是，并非所有的人都支持这种新的观点。曾经持地热说的学者认为，上述论点有许多属于想象成分，还很难找到令人信服的证据，比如十几米厚的冰层究竟能透过多少阳光？这些透过冰层的阳光使冰层融化并使水温升达如此高的程度，有什么具体的科学依据？如果事实真是如此，那么像华达湖这样的湖泊就不会只有一个，应当还有很多，可实际情况又如何呢？因此，持地热论观点的人仍然坚持自己的观点，认为虽然南极干谷钻探计划证明那里没有地热活动，但因钻孔数有限，深度也不很大，并不能排除仍有地热活动的可能。

看来，谜团至今还没有揭开，还有待于科学家们做进一步的探索和研究。

海上光轮

1880 年 5 月的一个黑夜里，美国"帕特纳"号轮船正在波斯湾海面上航行。突然，船的两侧各出现一个直径约 500～600 米的圆形光轮。这 2 个奇怪的光轮在海面上围绕着自己的船旋转，几乎擦到了船边，并跟随着轮船前进大约 20 分钟，然后才逐渐消失。

1884 年，在英国某协会举行的一次会议上，有人宣读了一艘船只的航行报告。报告中讲到 2 个"海上光轮"向着船旋转靠近。当靠近船只时，桅杆突然倒了，随后又散发出一股强烈的硫黄气味。当时，船员们把这种奇怪的光轮叫做"燃烧着的砂轮"。

1909 年 6 月 10 日凌晨 3 点，一艘丹麦汽船正航行在马六甲海峡中。突然，船长看到海面上出现了一个奇怪的现象：一个几乎以海面相接的圆形光轮在空中旋转，过了好一会儿光轮才逐渐消失。

1910 年 8 月 12 日夜里，荷兰"瓦伦廷"号在南中国海航行时，船上的人也看到了一个"海上光轮"在海面上飞速地旋转着，随后消失。

据观测，"海上光轮"的大部分目击者都是在印度洋或印度洋的邻近海域发现，而其他海域却鲜有发生。

对于海上光环现象，人们也做出了种种推论和假设。

有人认为，航船的桅杆、吊索电缆等的结合，可能会产生旋转的光圈；还有人认为，海洋浮游生物也会引起美丽的海发光；有时，两组海浪相互干扰也会使发光的海洋浮游生物产生一种运动，这也可能造成旋转的光圈。但是，这些说法都仅仅是假设，似乎都不能令人满意地解释那些并不是在海水表面而是在海平面之上的空中所出现的"海上光轮"现象。

于是，就又有人提出一种猜测：也许是由于球型闪电的电击而引起的此种现象，或者可能是其他物理想象造成的。但这也仅仅是猜测，没有确切的证据证实这些观点。

如今，神秘的"海上光轮"还是个谜。目前，人们对这种变幻莫测的"海上光轮"了解得还很少，需要海洋科学家做大量工作，收集更多见证，以便早日揭开这个谜团。

幽谷之谜

1947 年，阿尔及利亚以及一些外国专家组成了一支联合探险队，前往阿苏伊幽谷，准备探明它的深度。

探险队挑选了一个身强力壮、又有丰富经验的探险队员，第一个下去尝试。这个探险队员系好保险绳，朝着幽谷下边看了一眼，就顺着陡峭的山崖一步步滑了下去。上面的探险队员们则紧紧地抓着保险绳，保护着他的安全。保险绳上拴着深度的标记。

这个探险队员一步步向下滑动着，时间也一分分地过去了，保险绳上的标记也在100米、300米、500米地往下移动着，而这个探险队员也在一步步向着谷底摸索着。然而当他下到505米时，还是没有看见谷底。忽然，这个探险队员感到身体越来越有些不舒服，由于担心发生危险，便只好要求上面的探险队员赶紧将他拉了上来。

就这样，一次探险活动结束了，但人们对阿苏伊幽谷的秘密依然是一无所知。

1982年，阿苏伊幽谷又来了一支探险队，其决心一定下到超过505米的那个深度。一个队员系好保险绳后，慢慢地朝着谷底滑了下去。然而当他下到810米深时，却无论如何也不敢再往下走了，只好爬了上来。这时，一个经常跟山洞打交道的队员已经系好保险绳。他十分镇静地朝着谷底看了看，然后就一米米地滑了下去。

山顶上的队员们睁大眼睛死死盯着保险绳上的标志，800米、810米、820米，只见保险绳又往下滑动了1米。这个洞穴专家已经下到阿苏伊幽谷821米的深度了！但是，山顶上的人们也不由得为这个洞穴专家捏了一把汗：队员的情况怎么样了？还能不能再往下滑呀？大家真想看一看这个洞穴专家现在正在干什么，可那幽谷深得什么也看不见，只能静静地等待。

洞穴专家沿着刀削斧凿般的峭壁一

步步下到821米深度时，深深地吸了一口气，稍微休息了一会儿，便抓紧保险绳准备再接着往下滑动。没想到，这个洞穴专家突然出现了一种莫名其妙的恐惧，连向谷底深处看一眼的勇气也没有了。就这样，他只好摇了摇保险绳，一步步返回了。

这么一来，821米这个深度就成了阿苏伊幽谷探险家们所创造下的最高纪录了。至于阿苏伊幽谷究竟有多深，神秘的谷底到底有些什么东西，至今也没人能解开这个谜。不过，阿苏伊幽谷还在继续吸引着诸多探险家们，不知道将来哪个探险家能够最后揭开这个谜底！

人们对朱尔朱拉山阿苏伊幽谷里的这些谜团还没有解开，山上的一些奇异现象又为朱尔朱拉山蒙上了一层神秘的色彩。

人们发现：在朱尔朱拉山上，每当雨季来临之际，当倾盆大雨汇集成大水流沿着地面冲出去几十米以后，就会奇怪地消失在山谷里面，然后在千米之下的地方再重新流淌出来。当地的人们利用水流的这个特点，在山谷涌出的急流上建起了一座小型的发电站。

那么，朱尔朱拉山水流的这种奇怪现象到底是怎么回事呢？对此许多科学家也非常想解开这个谜团。他们纷纷来到这里，考察、研究了一年又一年，最后提出了各自的见解。阿尔及利亚有一个名叫谢巴布·穆罕默德的洞穴专家，曾多次探索和研究了这种奇异的现象。他认为，这种现象只能说明在朱尔朱拉山的深处有一个巨大的水潭，而当雨水沿着峡谷流入这个水潭里面汇集到一块儿时，就会急速地奔流出来，这样就形成了山下的急流。

不过，许多科学家都不赞同谢巴布·穆罕默德的这种看法。他们认为，如果流出几十米远的水都可以流到千米外的那个深水潭，那么整个朱尔朱拉山简直就是一座千疮百孔的漏斗山了。如果真的是那样，人们就应该能够看到那许许多多一直通往山底的峡谷。

这些解释听起来都有一定的道理，但是科学家们都各说各的道理，很难有一个统一的结论，只有事实才能真正地证实谁的看法是正确的。看来，人们如果想要揭开朱尔朱拉山的这些谜团，只能靠进一步的考察了。当地政府也组织专家们继续进行勘察探索，找到那个想象中的积水潭，探明阿苏伊幽谷的真实面目，揭开朱尔朱拉山神秘的面纱。

江河湖泊

从河源到河口

在我们居住的这个地球上有非常非常之多的大江小河！地图上所绘制出来的河流，远远不是它们的全部。通常，人们总是在河流两岸定居，他们的一切生活——吃饭、饮水都与河流有关，河流曾经是宗教界开拓的目标——它们被崇拜为神，受到教徒们的顶礼膜拜和祭祀。不过，河流偶然也有遭到严厉惩罚的情况；是的，是真正的惩罚！在今天的伊拉克领土上，古时候曾有一条叫做

江河湖泊

"迪阿拉"的大河。有一天，波斯国王居鲁士二世带兵出征，当他渡过迪阿拉河时，他的坐骑被淹死了。国王勃然大怒，命令他的部下将这条河流"处死"。于是，昔日波浪滚滚的一条大河，被挖成360条小水渠，从此，迪阿拉河就不复存在了。

在永久冰冻带的一座座高山之中，产生了一条条急湍的山间溪流，它们居高临下，势如破竹地奔腾而下。山间河流的河床，通常都是又深又陡的狭谷，它们的谷底上堆满了大大小小的石头——山岩碎块、鹅卵石，还有大量沙子和淤泥。

山间河流发源地的位置越高，它的破坏活动就越猖獗。今天，古老的乌拉尔山脉的高度为500米，维谢拉河、丘索河和白河都发源于这里，它们的上游都比较湍急。在一些比较年轻的山区——如高加索，许多河流都发源于3～4千米高的山岭之中；帕米尔的许多河流发源地就更高了，这里的山岭竟高达6～7千米。当然，这一带的河谷就要比高加

索山区的河谷深一些，比乌拉尔山区的河谷就更深了。

帕米尔山区最大的一条河流——喷赤河，水深流急，其河谷陡峭而深邃，日照时间只有 4～6 小时，大部分时间都是阴森森的。它那陡峻的、几乎是垂直的河岸，有些地方竟高达 2 千米或更高些。

印度河

亚洲最大的河流之一印度河，发源于青藏高原，它的河谷非常之深，有些地段高达好几千米！每隔 3～4 年，印度河里的水位便会猛涨 12～15 米，于是就造成了可怕的水灾。出现这种现象的原因在于冰川的周期性运动。根据降水量的多少和气温高低等不同情况，该冰川以不同的速度朝着印度河的支流——沙约克河运动。在向沙约克河谷运动的过程中，这条冰川完全堵死了河床，于是便在这儿形成了一个湖泊。

在这个由冰川堤坝堵塞而形成的湖泊中，几年内就聚集了很多水，其水位不断在增高。终于，过多的湖水漫过了冰坝，冲开了缺口，一泻千里地奔流而下。

这时，水量猛增的沙约克河浩浩荡荡地从山区直奔向广阔的平原地带。后来，河水的流速渐渐减慢，在宽阔的河床里缓缓地流淌。沙约克河水中含有大量石头、沙子和淤泥，在平原地带这些杂质开始沉淀，久而久之，这里就出现了一些浅滩和小岛屿。

所有发源于山区的江河，其情形通常都是如此，它们在自己的下游都能形成数量可观的冲积层。例如，多瑙河每年要将大约 8000 万立方米的碎石块带到其下游来。在这方面，中国的黄河大概是首屈一指的了。我们不妨进行一下对比：每立方米的尼罗河河水中，平均含有大约 1 千克的杂质，而同样数量的黄河河水中，其杂质的含量竟是尼罗河河水中杂质的 30 多倍！这是因为黄河流经厚厚的黄土层和容易被水侵蚀的沉积岩层。因此，黄河里的水一年四季都呈现出黄色，而且它入海处的海水也呈现出黄色，故名曰"黄海"。

大部分河流都将自己的浮悬物以冲积层的形式留在了中、下游，在入海口附近形成了海湾或河口湾，可是也有一些河流，将自己的"货物"一直要带到大海里，只有在这里才开始沉淀，天长日久，于是就形成了三角洲形的河口、浅滩和岛屿。俄罗斯的伏尔加河下游就是一个很典型的例子，这里有一个举世无双的自然三角洲，植物茂盛，动物成群。

在低洼的沼泽地带，常常可以碰到一种特殊的河流——沼泽河。这种河流一般都不大，弯弯曲曲，时隐时现，河岸上草木丛生，长着茂密的芦苇丛，河水里生长着水草和藻类植物。

对一些河流来说，湖泊就是它们的归宿。对另一些河流来说，情形则恰恰相反，湖泊正是它们的源头。例如，涅瓦河和安加拉河就是从湖泊里流出来的。

高尔基州有一条取名新奇的小河——醉河！它是苏拉河的一条支流，是一条非常有趣的小河。不知道地球上是否还有如此奇怪的河流——它的源头与河口几乎并排存在于一个地方！这条小河蜿蜒曲折地流过400多千米长的一圈之后，又几乎出现在自己源头的所在地，从这儿流入了苏拉河。当然，河口与河源之间有"几乎"长达30千米的一段距离呢，转了一"圈"的说法也不十分确切。醉河乱"撞"了400多千米，也不知拐了多少个弯，像一位醉汉似的"走"了一大圈后，又返回了自己的出发地附近。

您听说过没有河口的河流么？看来，这种河流也是存在的。中亚细亚有一条叫做泽拉夫尚的河流，它发源于终年积雪的帕米尔——阿赖山区；当它流出山区以后，就逐渐分成了许多小河和水渠，后来便慢慢地销声匿迹。因此，泽拉夫尚河尽管在地图上是阿姆河的支流，但它实际上并没有流入该河里。

红海沿岸有一个被一条条深谷所分割的地带。这些山谷里分布着一条条商队通行的道路，它们将埃及和红海沿岸地区连为一体。这些山谷还有一种"义务"——是商队躲避沙暴或尘暴的天然避难所。每当这儿下大雨时，情况马上变得十分危险起来，这种情况虽然不多，但确实是存在的。一下大雨，山谷里就出现急湍的洪水；不过，洪水持续的时间比较短，一般只有几个钟头就过去了。如果商队正好在这个时候走进千谷里的话，那他们就要大祸临头了。

在阿拉伯语中，纳赫阿里阿锡河是"叛徒"河的意思。这条河流为什么叫这样一个非地理性的怪名字呢？原来，因为它没有按教义"规定"由北向南地流到伊斯兰圣地麦加和麦地那去，而是由南向北地反其道而流之。

总的来说，人们对待河流的态度，就和对待动物的态度是一样的，世界上的许多民族都具有这一特征。这一点的确在各种各样的民间创作中都有所反映，从神话传说到普通歌谣中都有。而河流中的漩涡和深渊，则是各种传说中迷信与恐惧心理的源泉。人们不仅过去把这些地方视为妖邪异地，而且现在也对它们望而生畏。在南美洲的亚马孙河上，成年累月有木材流送工人在运送圆木；每当他们驶向河中的漩涡与深渊时，总是吓得连话也不敢说。因为在古老的迷信中说："如果谁喊一声或说一句话时，可怕的漩涡就会连人带木筏一起吞掉！"

在欧洲编年史中，记载着下面一件怪事：有一天，某条河里的水突然间变成了红色！十分自然，这件事马上就引起了人们的种种迷信说法，成为街谈巷议的中心话题，并且被解释为某种不祥之兆。编年史上写道，这是787年在意

大利的一条小河里发生的事情；这种怪
现象与阴间力量有关！

当然，在经过了数百年以后的今
天，要确定河水为什么变红（当时曾引
起善男信女们哗然）是很困难的。不
过，如果这种现象是出于自然界的某种
原因而不是人为的话，如果它不是某些
人的杜撰而是真实事情的话，那么很可
能是由于河水中的某些微生物大量繁殖
而造成的。

大峡谷

地球表面并不一直就是今天的这
个模样。现在是陆地的地方，过去可能
曾是波涛汹涌的大海；恰恰相反，昔日
曾经是陆地的地方，今天也可能是一片
汪洋大海呢。如果事实真是如此的话，
那么我们为什么不能推测出在海底可以
找到沉没了的河流呢？

事实的确如此。在大西洋里确实就
有这么一条海底河流——一条长达数千
千米的大狭谷！一些考察家认为，这条
狭谷过去曾是一条大河——北美、格陵
兰和冰岛的许多河流都曾流入其中呢。

如果承认这种推测是符合事实的
话，那么，这条河流本身就能以一个非
常有趣的事实揭开海底河流的谜底！在
沉入大西洋里的几条北美与西欧的不同
河流中，却都生活着同一类型的鱼类，
而且，这些鱼类在其他地方是没有的。
它们横渡过浩瀚的大西洋是不可能的
——大海大洋可不是随心所欲的场所！
它们的迁徙只能通过惟一的途径——从
一条河游到另一条河里去。

这就是说，在远古时期，这里的地
质情况和现在是完全不同的。"在今天
大西洋所处的地区，"苏联生物学家格
连德贝尔格写道，"曾经是一块大陆，
这里曾经有 2 条大河：一条是古代的哈
德逊河——现在的啥德逊河和北美洲大
西洋沿岸地区的河流都曾是它的支流；
第二条大河是古代的莱茵河——冰岛东
部和挪威的河流，还有今天的塞纳河都
曾流入该河。这两条海底河流的分水岭
就在冰岛上。"

卡拉巴尔蒂河发源于吉尔吉斯山
脉，它浇灌着中、下游地区的一块块麦
田、果园、甜菜园。科学家们沿着它溯
流而上时发现，当这条河还没有流入山
谷里的时候，它的水量就已经不见了。
当他们打井进行考察对，竟发现了该河
的如下秘密：它是一条双层河流！原
来，卡拉巴尔蒂河的一部分河水渗透过
砾岩和沙子后，形成了一条地下河。

1981 年，水文地质学家们查明，在
苏联的马里苏维埃社会主义自治共和国
境内，和伏尔加河平行潜流着一条巨大
的地下河，在好几个地段上，地下河的

河床甚至和伏尔加河毗连一起。

常常有这样的情形：一条河流或小溪的一部分水在地面上流淌，而它的另一部分水却在地底下潜流。在苏联的尔姆州，楚索瓦河的几条支流就在"耍"这种把戏：它们一会儿潜入地下，一会儿又冒出地面来。当地居民把河水"消失"的那些地段叫做"潜鸭"，把河水又冒出地面的那些地段叫做"出地龙"。

这里有一条名叫库梅什的小河，它更有意思——中途在大约6千米的距离内销声匿迹，然后却从一个山岩上喷涌而出，又汇成了原先的那条小河。

乌拉尔大约有15条河流，它们有一个共同的特点——变幻无常：一会儿可以看见，一会儿却不知去向！科西瓦河的一条支流——古别什卡河，中途有10千米都潜流于地下；维扎河在8千米长的地段上也不见踪影。

在南乌拉尔的西姆河上，有一个风景如画的好地方。一条小河在这儿钻进了一座高高的山岩，后来又从山岩的下边——一片浓密的灌木丛中奔流而出。

在西姆河的右岸上，离别尔达河口下方1.5千米的地方，有一股奇特的泉水！它从高高的悬崖上涌出来，水花纷飞；更有趣的是，它先猛流3分钟，然后才不慌不忙地淌着，就好像有人在里边"挤压"似的。

南斯拉夫也有一条奇怪的河流。起先，它在一条狭长的山谷里奔流，后来就完全"藏"进了几条大缝隙里去了。它在地下"回廊"里潜流了很长一段距离之后，便在一条深深的地缝中"失踪"了。因为谁也不知道这条小河的去向，所以说它失踪了。为了解开这个谜，人们将染料撒入小河里，后来，发现有颜色的水却从的里雅斯特周围的许多水源中涌流出来，甚至在城市的自来水里也发现了它。

位于图尔特库尔的阿姆河是极其危险的。故事是这样的：居民被阿姆河土轮船的警笛声惊醒，半个钟头以后，河岸上已聚集了好几千个公民。"洪水！"短短的两个字说明了一切。阿姆河涨水了，正向城里涌来！河岸在呼呼啦啦地倒塌着，码头附近的建筑物一个接一个地被滚滚而来的洪水所淹没。

一辆辆满载着沙包的卡车和马车向河岸飞驰而来，人们将就近能抓到的一切东西——石头、土袋、圆木和树枝等物，通统用来堵挡洪水。可是，阿姆河——阿拉伯地理学家们称它为"疯狂的河流"，却更加猖狂地向城里冲来！

终于，图尔特库尔城被洪水淹没了——这是1942年发生过的事情。

60多年以后的今天，阿姆河仍然具有很大的危害性。溢出河床的洪水，时而淹没了两岸的农田和果园，时而冲坏了灌溉渠道上的引水建筑。不过，阿姆河要想和从前那样为所欲为，已经是不可能了。

今天，人们在查尔朱城外筑起了一道高大的堤坝，它能经得起任何洪水的冲击，因为这里不仅有一道道独特的石头防护堤——用金属网络装着大石头的"袋子"组成的，而且还有其他防洪建筑物相配合。在那些特别危险的河岸地段，人们将一根根粗壮而结实的钢筋混凝土柱子，像象棋布局似地排放在一起，柱子的顶端再用横梁连接在一起，当洪水袭来时，将柱子之间的空间通统填上石头等物；在特殊情况下，还可以使用大型吸泥船，它可以在危险地段上吸掉河中的淤泥——开辟出一条 4～5 千米长的新河床！

目前，科学家和工程师们仍在不断提出新的防洪措施。防洪斗争尚未结束，但当务之急就是首先搞清洪水的"本性"。

阿姆河并不是世界上惟一容易改变河床的一条河流；另外还有中国的黄河，它在 1000 年内就曾 5 次改变过自己的入海途径，最后一次改道是在 1938 年。

当一条河流如此突然地改变自己的河床时，那么，就不是在任何情况下都能回答如下问题：它现在是先前的那条河？还是另一条河呢？

泥石流

泥石流

一条小河（有时甚至是小溪）在狭谷里淙淙地流淌着，它是那么温顺而可爱，使您能成几个钟头地、毫不疲倦地观赏它——它流过又圆又滑的鹅卵石，河面上泛起微微的涟漪，出现了一个个满是泡沫的漩涡。这一切很难使人相信：如此温顺的小河，竟会变成可怕的洪水。可是，实际情况的确是这样。每当它的上游下大雨或冰雪大量融化的时候，小河里的水量就会猛增，一向温顺而"怯弱"的小河，这时却变得气势汹

汹、波浪滚滚：它咆哮着，吞食着两岸的土地、沙子，过去曾和它亲昵偎依的鹅卵石，现在却被它毫不留情地一扫而光。

这就是泥石流。

"泥石流"一词出自阿拉伯语，翻译过来的意思就是前边所说过的那种自然现象，也就是说，它是含有大量沙石泥生的一种洪水。许多国家的居民都知道这个词儿，印度、中国、土耳其和伊朗等国家的一些地区时有发生，南、北美洲两海岸的某些山区也发生过。就是高加索和中亚细亚的居民，也不止一次地深受其害。

1938 年 3 月间，科迪勒拉山——洛杉矶附近，下了一场大暴雨，山谷里的雨水不一会儿就变成了势不可挡的山洪！洪水咆哮着，大量的碎石和沙土被冲走，甚至连几十吨重的大石头也冲跑了，一棵棵大树被连根拔掉！泥石流所

过之处，人、畜、大小建筑物和铁路桥梁通统一扫而光。在这次泥石流的袭击中，有 2000 余人被淹死或冲走，使 1 万多人无家可归。仅这次泥石流，从山上带下来的岩石竟多达 1200 多万立方米！

毁灭性的泥石流在奥地利的阿尔卑斯山区时有发生。这里出现的泥石流是骇人听闻的，其高度可达 18 米！1891 年，这儿就发生过一次如此可怕的泥石流。

1921 年 7 月间的一天，坐落在外伊犁山北麓的阿拉木图市街上，突然响起了令人毛骨悚然的惊叫声：

"泥石流！泥石流来啦！！"

这时，人们听见山沟里传来了可怕的隆隆声；不一会儿，凶猛的泥石流就向城里冲来，大约有 2 层楼房那么高。泥石流中夹杂着大量石块，有的石块的直径可长达 2 米！

这次泥石流，给阿拉木图市带来了惨重的损失。

引起泥石流的直接原因，不仅是暴雨、冰雪或冰川的大量融化，而且山区湖泊也会造成泥石流的暴发。1941 年春天，由于冰川迅速融化，秘鲁的安达山区的一些湖泊里注满了洪水。一天，帕尔科恰恰湖突然决口，洪水劈头盖脸地朝着瓦拉斯城里冲来！这次泥石流夺走了 6000 多人的生命。

1966 年夏天，费尔干纳山谷里发生过一次规模巨大的泥石流。火辣辣的太阳融化着山上厚厚的冰雪，雅申—库利湖泛滥了，洪水涌进了伊斯法拉姆山谷。

人们事先预料到了山洪要来临，所以全力以赴地在加固河堤。可是，谁也没有料想到它竟会流出河谷来。这是一次非常可怕的泥石流，高达 8～9 米！它怒吼着，带着大块石头和连根拔起的大树，就连一路上的金属支架和高压电线也都被冲跑了。来势凶猛的泥石流，将库瓦萨河上的铁路桥冲得像个大鸡冠，桥的平台被冲到下游好几百米远的地方。疯狂的泥石流还摧毁了许多房屋和水利设施。

许多飞机和直升机参加了这场抗洪抢险斗争。当警报拉响后，一队队工兵，一辆辆汽车开赴现场，甚至连停在备用线上的战备列车和医护列车也出动了。成千上万的人丢下手头正干的活儿，紧张地投入了这次抢险救灾活动。

在这场惊心动魄的战斗中，铁路巡道工卡维·哈萨诺夫和卡米尔扎·图尔苏纳利耶夫立下了大功劳！他们的英勇事迹在这一带已是家喻户晓了。

那天，他俩在相邻的路段上值班。在泥石流来临之前，铁路上工作的一位老师傅正好乘轨道车经过这儿，他告诉两位巡道工：今天山区有暴雨，河水要上涨。铁路工人们从早上起就开始加固桥墩了。这时，又来了桥梁巡道工马特廖娜·加拉先科和阿格里平娜·阿佩基娜。

洪水猛涨，情况紧急。巡道工们急忙奔向铁路岗棚——必须马上给车站打电话。这时，只见一列火车飞驰而过，而列车之后尾随着可怕的大山洪。

火车司机大声呼喊着，让人们赶快躲避洪水。图尔苏纳和耶夫和哈萨诺夫一边拼命朝岗棚奔跑，一边大声招呼人们赶快向高处跑。

他俩没有别的选择余地，因为前边的车站马生就要发出一列客车，而车上有好几百名铁路职工和铁路工人，还有他们的妻子儿女。其中许多人都是利用休息日去探亲访友的。

这两位巡道工是好样的，他们出色地完成了任务——"千万别发车！大洪水！"他们刚放下电话，浪头高达 9 米的大洪水就铺天盖地地向铁路岗棚冲来。

中亚细亚也遭受过泥石流的突然袭击。这里还流传着一句谚语："要过山间小河，就得先看天色。"但是，在大多数情况下，泥石流都发生在傍晚或夜间。它为什么多出现在这些时候呢？其原因就在于：在天气炎热的山区，夏天的早上通常是晴朗而无风。如果下雨，大部分都在下午。正如大家所知道的那样，泥石流主要是发生在大暴雨以后。

1921 年，哈萨克斯坦的首府遭受过一次泥石流的进攻，过了 40 年之后，它又被泥石流袭击。在小阿勒玛京卡河的狭谷里，正下着倾盆大雨，雨水冲刷着两边山坡上的泥土，出现了可能暴发泥石流的险情。必须赶快采取防范措施！该采取些什么措施才能迅速制止它呢？

办法终于找到了：在山谷里进行定向爆破，迅速"筑起"一道高大的堤坝。就这样，1973 年 7 月间即将暴发一场泥石流被制止住了，据专家们估计，这次泥石流的威力要比 1921 年的那次还大呢。

有关专家们确信，与其在山谷里分段筑几道不大的拦洪坝，还不如干脆修筑一座巨大而坚固的大堤坝更为可靠。例如，在小阿勒玛京卡河谷里修筑的防洪大坝就高达 100 米，底部宽达半千米！

当然，修建如此宏伟的大坝并不是轻而易举的事情，而且造价太高，所以，只有在万不得已的情况下才能这么做。如果没有十分必要，就不必大兴土木，只要及时预防险情，普及相应的防护知识，适当地选择住地和修筑适当的防护设施也就可以了。此外，还应该掌握上游山区冰雪或冰川的融化规律，应该及时预防暴雨袭击。

湖　泊

只要您了解一下湖泊的"生平"，就会知道它们的"出身"是多么不同了。

几十万年以前，地球上出现了大冰期。北方地区的气候变得越来越恶劣，北欧的一些山区出现了冰川，这些冰川不断扩展，并朝山下慢慢"爬"下来，它覆盖了森林、草原，就在今天的挪威所在地，当时曾经形成了一个巨大的冰盖，它一年年在扩大，一年年向南方伸张过来。

冰盖所到之处，植物和动物相继灭亡。在欧洲和亚洲的大片土地上，出现了荒无人烟的冰雪广漠，有些地方的冰层竟厚达1～2千米！

一直到又过了几万年以后，这些地方才开始变得暖和起来，覆盖着北欧的巨大冰盖也开始融化了，可是它的南部——延伸到了俄罗斯（从斯堪的纳维亚半岛开始）亚罗斯拉夫尔、加里宁和圣彼得堡地区的冰盖，却迟迟没有融化。科学家根据大冰川在这里遗留下来的痕迹查明：这些冰川在大约1.5万年以前就在这里存在了。

大约又过了2000～3000年以后欧洲西北部的冰盖才完全消失。退走的冰川留下了自己的痕迹——在俄罗斯的卡累利阿、圣彼得堡、普斯科夫、诺夫哥罗德和沃洛格达等地区，形成了许许多多的湖泊。

在当代，有不少湖泊也是通过这种途径而形成的。这种情况通常出现在山区——冰川正在融化的那些地方。当然，还有许多湖泊则是以其他形式而出现的。例如，里海就是由于海洋变迁所形成的一个湖泊。很久以前，这里曾经是一个真正的大海呢，那时，里海和黑海是相通连的，直接流入了海洋。

咸海也是这样形成的一个湖泊，正因为如此，所以人们一直把它称为"海"。实际上，它现在只是一个湖而已，就像我们所说的贝加尔湖一样。如果从贝加尔湖的基本重量来看，它更有理由被称为海。贝加尔湖的长度等于从莫斯科到圣彼得堡之间的距离，它的深度也是咸海无法比拟的，而且咸海在近年来变得越来越浅了。贝加尔湖是世界上最深的一个湖泊，其深度达1620米！

而它的水量则要比波罗的海的水量还多呢。

贝加尔湖是西伯利亚的"美男子"，当前它成了科学家们进行科学研究的主要目标之一。其原因如下：①贝加尔湖在许多方面都是世界上独一无二的湖泊。②其中还隐藏着许多秘密——包括它的成因问题和生活在其中的动物世界。据调查，贝加尔湖里生活着大约1700种动物，而且，其中1/2以上的动物都是世界上硕果仅存的。据科学家们考证，贝加尔湖是湖泊中的一个"老寿星"，它在地球上已存在了大约2500万年之久！

往往有这样的情形：某地突然间冒出一个新湖泊来！这种湖泊通常是由于地质灾祸而造成的。1911年，帕米尔山区发生过一次大地震，结果在穆尔加带河谷便出现了一座天然拦河坝；几年以后，其中就形成了一个大湖，其面积达88平方千米，深度达505米。

1891年，高加索出现了一个美丽的阿姆特克尔湖。那年，和该湖同名的阿姆特克尔河谷的山坡突然崩塌，形成了一座大约150米高的大坝。起初，这个新湖泊里的水是不外流的；后来，湖水在大坝底部冲刷出了一个涵洞，于是，被堵死了的阿姆特克尔河水，现在又沿着先前的河床奔流了。

湖泊的"生平"各不相同，它们的"生活"也是各有其特色的。有许多湖泊——特别是一些大湖泊，是依靠河流供水的；有些则是以地下泉水为源流的，还有一些湖泊则是完全依赖于降水——雨和雪而存在的。每逢春季来临，这些湖泊就泛滥，过上2～3个月以后，渐渐又恢复了常态，有时则变成了池塘或一片水洼。

非洲有个乍得湖，它的水量极不稳定。乍得湖虽然是世界上的大湖泊之一，但它的水却很浅——最深的地方也不超过7米！因为该湖的蒸发量惊人，所以它的"外貌"总是不停地变化着。有一个时期，乍得湖里的水量曾变得比现在的3倍还大呢，20世纪初，该湖曾急骤变小，可目前又在重新扩大着。

伊塞克湖是苏联的一个山区湖泊，它的"经历"也是不寻常的。该湖大约在8000年以前就出现在外伊犁山区了，它是在一次大地震中因山崩阻塞了伊塞克河而形成的。伊塞克湖岸和港口风景如画，湖水像一块晶莹的蓝宝石，湖岸上的天山云杉苍劲挺拔，这一切使它更增添了诱人的魅力！"生活"了数千年之后，这个好端端的湖泊却如此突然地"死"了——1963年夏天，一场泥石流"扼杀"了这个美丽异常的山区湖泊。

这场灾祸的目睹者们说，高达20来米的泥石流，从陡峭的扎尔萨狭谷冲出来，一股脑儿涌进了伊塞克湖，只见湖面上巨浪翻腾，飞快地冲向堤坝，浪花四溅，土堤大块大块地崩塌下来。就这样，伊塞克湖不久便消失了。当年曾阻挡了古老河流的天然大坝，现在也经不住巨大泥石流地冲击了。

只经过大约5个钟头的时间，偌大的一个伊塞克湖就荡然无存了；而那条中断了几千年的伊塞克河，现在又沿着当年的河床奔流不息了。上边说到的那次泥石流，给伊塞克湖里带来了大约300万立方米的石头和淤泥。这场泥石流是由于扎尔萨冰川地区的积雪急骤融化而造成的。

起初，融化了的雪水积聚在冰川的低凹处，后来雪水越积越多，最终冲进了扎尔萨河谷。继而，洪水变成了巨大的泥石流，它像一匹脱缰野马似地直奔伊塞克湖，沿路上的巨石被卷走，大树被连根拔起，甚至连花岗岩峭壁也被摧毁！尽管有的地方的障碍物高达40米，但它也无法阻挡汹涌的泥石流。就这样，美丽的伊塞克湖终于被乱石、淤泥和其他杂物填平了！

现在，让我们一起到莫斯科郊外来看看多尔戈耶湖吧。

"5月间，我们还在多尔戈耶湖上进行过一次测量，"地质学家库·弗卢克说道，"7月间，我认识了一位正好常在该湖上空进行试飞的农业飞行员。一天，我对他说：

'真有意思，你在空中看到多尔戈耶湖是个什么样儿呢？它不就在你试飞的航线底下么？'

'什么？多尔戈耶湖？我可没看到过这么个湖，那儿是一片沼泽啊！'

'怎么会没有了呢？一个月前我还在该湖里游过泳呢。'

可那位飞行员仍坚持己见。

我们沉默了片刻，便一同骑马奔向多尔戈耶湖。它的确不见了，我们眼前只有一片像芦荟似的草本植物。只见空中飞舞着白花花的花絮，满地的花絮在风中打着转转。

红日西沉。我们点起了篝火，躺在火堆旁睡觉。可到第二天早上——

'真是莫名其妙！难道湖水也会搞伪装?!' 飞行员甚至有点儿生气地说道。

可不是，我们面前又出现了那个清澈见底的多尔戈耶湖！透过1.5米深的湖水，湖底清晰可见——长满了绿油油的植物。

后来我才得知，湖里生长的这种植物叫做兵草；每当它开花的时候就长出水面来，花絮脱离草体而四处飘荡。"

为什么兵草会出现时隐时现的奇怪现象呢？原来，它的叶片和茎秆里聚积着大量碳酸气，因此它们就变得比水要轻一些。兵草在阳光下不断为自己制造着淀粉，于是又慢慢变得比水重起来。当它们的开花期即将结束，并开始结出果实的时候，其淀粉的聚积量已变得相当可观了，并迫使这种植物又潜伏在湖底上。

这里必须指出，兵草虽然潜入湖底，但这并不意味着它从此就完蛋。到夏末秋初之际，兵草的叶片和茎秆中的碳酸气又开始增加，于是它们不久又重新浮出了水面。这时，一丛丛的小兵草从母体上分离出来。后来，它们又开始聚积淀粉，于是又潜入湖底过冬了。

在其他一些湖泊里也常常可以碰到这种兵草，但多尔戈耶湖里的兵草却特别多，因此它们的潜伏现象也显得异常明显。

随着时间的推移，任何湖泊的面貌都是要起变化的，这并不一定非得过上几百年不可，有时，几十年甚至几年它就会有明显的变化。湖岸上可能长出芦荟等植物；出现湖泊的"公敌"——泥炭苔藓；流进湖泊里的大河小川和雨水、雪水，源源不绝地带来了沙子、泥土和石块等杂物。湖泊的生活年年周而复始——夏季，湖泊植物生长茂盛；秋季，它们潜入湖底，渐渐死去，于是湖泊渐渐变浅，里边积满了淤泥，它的面貌在不断起着变化。就这样，湖泊慢慢衰老了，最终竟变成了沼泽。

当然，沼泽并不是只有这一种形成途径，但这大概是最常见的一种途径吧。在过去曾经是深水湖泊的地方所出现的沼泽，其泥塘是个非常危险的地方。

下面，请看著名的苏联作家密耳尼科夫是如何描写这类沼泽的：

当行人路过这儿时，上面浮着的草地便动荡起来；有时，当行人走上两三步以后，下边的水就会像喷泉似的突然从裂缝中冒出来。在这儿行走是很危险的，一旦掉进沼泽的陷坑里，你就别指望能爬出来了。你看，那个肮脏的绿色泥坑里，有一个小小的水洼在闪亮，它倒有点儿像水井。水洼里的积水和四周一样高。这就是危险的沼泽泥塘！如果行人在这儿失足，马上便会大祸临头，因为它是个"无底洞"啊！比这种泥塘更加危险的就是渗水坑——它也是个敞开着的圆形水洼，一般宽度不到10沙绳。渗水坑的岸地由遮盖着泥水的一层薄泥炭组成。谁要是踏上这块伪装的

"土地"，他就会被渗水坑无情地吞进自己的无底洞里去！

不过，最可怕的还要算沼泽草地。人们老远就能发现沼泽泥塘和渗水坑，可以绕道而行；可是沼泽草地却令人难辨真假。当行人走出偏僻的、满地都是枯枝烂叶的森林时，眼前突然出现了鲜花盛开的林边草地，它是如此令人赏心悦目——开阔的草地四周长满了青翠挺拔的红松、云杉，草地平坦、光洁，遍地绿油油的，有肥大而碧绿的玻璃草，芬芳而洁白的睡莲，还有浅黄色的睡莲。这块草地真美丽极啦！在上面休息一下该有多好啊！当你像躺在气味芳香的、碧绿柔软的"天物绒地毯"上。你要是真的这么做，那就糟糕了。要知道，这块美丽诱人的绿色"地毯"就是"铺"在"无底洞"上面的。

沼泽草地护林员工住的地方，一向都被视为肮脏的魔鬼出没之地。据他们说，一到晚上，这里的魔鬼就点起了鬼火，就像无数支蜡烛在燃烧。

当然，沼泽本身也有自己的一番"经历"。它积累了越来越多的腐烂植物，并渐渐将它们变成了泥炭。大家知道，有机体的腐烂只在在空气中的氧气接触它时才能完成。因为空气中的氧气无法进入沼泽深处，所以陷入其中的植物就变成了黑色，并且逐步碳化。数百年以后，沼泽里就形成了厚厚的一层植物碳化物质——泥炭。

越积越多的泥炭逐步占据了湖水的位置，于是，好端端一个湖泊慢慢变成了一片沼泽。

永久冻土

大约在 150 年以前，雅库茨克的一位商人舍尔盒，决定在自己的院子里打一口水井。他雇来了工人，打井工作在一天天进行，可就是老打不出水来。这时，舍尔金已经花费了通常打一口水井所需要的钱，所以他不准备再白白地浪费钱财了。

冻 土

可是，这口奇怪的"水井"却引起了科学家们的兴趣：因为无论你挖多深，井下总是冻土！这儿的冻土层到底能有多少厚呢？科学家们也不知道，于是要求工人们继续往深处挖。

过了 10 年以后，这口井已变成很深的一个黑洞，但井下仍然是冻土！当这口井被挖到 1164 米的时候，打井工作也中断了。后来，人们在这口井附近的一些冻土层中，还发现了古代森林所遗留下来的树秆，这种树在当代已经绝种了。另外，还发现了一些完全出乎人们预料之外的东西——不仅有地球上已经绝灭了的古象和犀的骨头，而且还有它们的几具完整的尸体呢！看来，永久冻土带是非常理想的天然"冷库"——在长达数千年的漫长岁月里，竟能将动物尸体完好无损地保存至今，而且它们的皮毛还都是好好的！

科学家们在认真研究了上述发现物以后，得出如下结论：所谓永久冻土，实际上完全不是永久性的，它是在大约10万年以前——当地球上出现大冰期的时候所形成的；后来，地球开始变暖，北方（一直到北冰洋附近）的冰雪渐渐融化了，而在大陆不太深的地层下面却留下了厚厚的一层冻土和化石冰。

永久冻土是很"诡诈"的，不信你可以亲自试一试。如果你用普通的方法在永久冻土上面盖房屋的话，起初，房屋下面的土地像石头似的坚硬，可是到后来，由于房屋底下的地温高于周围地温了，于是冻土就开始融化，就变得松软起来，这时你的房屋就会慢慢陷下去！

在冻土地区搞修建，必须采取特殊的施工方法，要发明一种新技术！地球上的冻土地区要占大陆面积的 1/4 左右；而在俄罗斯的土地上，冻土带几乎要占去总面积的 1/2 左右呢！从北冰洋沿岸到图鲁汉斯克和雅库茨克一带，都分布着密集的冻土带；在更南边的一些地方——伊尔库茨克、克拉斯诺雅尔斯克、赤塔和阿穆尔河两岸，也分布着一些零星的冻土区。

为了能在北方继续生存下去，人们正采取一些有效的措施和冻土进行斗争，特别是在它已经开始妨碍人们正常生活的那些地方。例如，努里利斯克新建的一些现代化的高楼大厦，就不再是修筑在普通的地基上了，而是建筑在钢筋水泥桩基上。永久冻土区的自来水管，也都是铺设在地面上的木套之内的。

在永久冻土地区，甚至对各种植物也不得不特别加以精心照料。如果从冻土带的某个地段上铲除了地衣层的话，那儿就可能形成湖泊或者沟壑。因为铲除了地衣，就等于拿掉了非常好的"热绝缘器"，太阳将这儿晒得很热，于是永久冻土就会开始融化出水来。

在异常寒冷的冬季，北方的一些河流一直能结冰到河底上！不过，它们的发源地却仍然在流水。那么，发源地流出来的水到哪儿去了呢？它们在四处寻找出路：有时穿透沙层或砾石夺路而走，有时脱离基本河床而涌上地面。在天气最寒冷的时候，人们还能看到一种意料不到的奇特景象——泉水从地底下纷纷冒出来，可它在原地绕流一周以后就冻成冰了！

如果小河源泉的水量不大，这倒还好些。因为在隆冬季节，河水常常会冲到公路上和村庄里来。有时，冬季水灾还比较严重，甚至迫使当地的某些企业不得不停工。

要知道，冬季水灾可不得了啊！因为这是在零下 40～50℃ 的严寒下所发生的水灾。

就是到了夏季，这儿的情况和南方

也不尽相同。在7～8月份，当田野上的水差不多消耗殆尽，河水的水位也降到通常水平的时候，而北方小河里的水还有可能猛涨，甚至泛滥成灾。"黑水又来啦！"每到这个季节，当地居民就这样说。为什么是黑水呢？原来，永久冻土在阳光下急骤融化，流淌着发黑的洪水，这次水势来得很凶猛，就像是来了第二次春汛似的。

在伊加尔卡有一个"永久冰冻站"，当您走进该站的竖井里时，眼前立刻就展现出了永久冻土层的纵剖面：沿着竖井的墙壁，在棕褐色的岩层里，夹杂着一条条浅蓝色的化石冰。

顺着"永久冰冻站"继续前进，还可以看到一个冰冻博物馆，在大块大块的冰里面，保存着各种各样的陈列品——有的来自动物世界，有的来自人类社会史。例如，在一个冰框里的一张说明书上写道，在这儿——永久冰冻博物馆里，保存着伟大卫国战争年代里出版的《真理报》、《消息报》和《劳动报》的完整样报——从第一期到最后一期。

这张说明书表明，我们在这个博物馆里将永远能够看到战胜德国法西斯的全过程。毫无疑义，这座永久冰冻博物馆，将成百年上千年地为我们的子孙后代保存着他们感兴趣的许多东西。

南方有没有永久冻土区呢？答复是肯定的，这似乎是反常的和令人纳闷的吧！

在高加索的日列兹诺沃德斯克，有一座高耸入云的拉兹瓦尔卡山，有时人们也称它为"睡狮山"——从外貌上看，这座山的确很像是一头熟睡的雄狮呢。在它的北坡上，有一块不大的"北方之角"——那里生长着矮小的白桦树，地面上铺满了地衣和苔藓，还有一些越橘果和桑悬钩子等植物；这儿的空气也要比周围清冷得多！在当地70厘米深的土壤中，就可以找到冰块，山上的裂缝里冷风嗖嗖。

对"北方之角"进行的考察证明，这里的确存在着永久冻土层！可是，这儿为什么会有冻土层？它又是怎样形成的呢？对这些问题，目前仅仅是一些推测和假设而已。其中两点是最有意义的：

（1）拉兹瓦尔卡山北坡上的山岩具有岩浆成因——由以前从地球深处喷出来的岩浆所组成，这种岩石的导热性能特差。结果，降落到这儿山上裂缝里的大气水，到冬季就结成了冰，而且夏季也来不及融化。就这样，地底下便逐步形成了一个天然冰库。

（2）拉兹瓦尔卡山内部蕴藏着大量二氧化碳气体。这种气体逐步蒸发，沿着裂缝上升到地面来。在这种情况下，它周围的土壤就必然会大大变冷，地下水也就结成了冰。这里的情况的确如此，在永久冻结的地段上，二氧化碳含量的百分比就是要比周围地方高一些。

浪子冰山

1912年，刚刚下水不久的大型客轮"泰坦尼克"号，驶离英国的南安普顿港，开始了它的处女航。当时，"泰坦尼克"号是世界上最大的一艘客轮，可装载乘客2207人！

有关专家都一致认为，"泰坦尼克"号是最保险的一艘客轮。它装备有2层船底和16个水密舱。

冰 山

4月14日早上，"泰坦尼克"号船上的报务员收到了"卡罗尼"号轮船发来的一封电报："'泰坦尼克'号船船长。据前往西部海域的几艘轮船通报，在北纬42度、西经49～51度之间的海面上，发现了冰山和浮冰！致意。巴尔。"

但电报并没有引起"泰坦尼克"号船长的注意，他命令自己的客轮仍继续以全速驶往美洲海岸。当天深夜，该船报务员又收到一份电报，是航行在前边的"加利福尼亚"号轮船发来的："老船长，你听着，我们在这儿被浮冰包围了，差点儿没被卡住。""别讲话，"后者回答道，"别说啦，请别捣乱！我将你们的电报转发到拉伊斯角去，让它去见鬼吧。"

谁知，才过了几分钟以后，"泰坦尼克"号在全速行驶中突然撞在一座巨大的冰山上，它立刻被撞开一个长达90米的大洞！

16个水密舱中，有6个马上就灌进了冰凉的海水。睡眼惺忪的旅客们，怎能相信马上就要大祸临头呢！谁也不肯离开轮船。50分钟以后，船长发布命令："妇女和孩子们赶快上救生艇！"但许多妇女和孩子们都拒绝这样做，不忍离开自己的亲人。对她（他）们来说，黑洞洞的大海要比海水慢慢流进船舱更可怕。

报务员慌忙向全世界发出了呼救信号！但却未能到任何援救。离它很近的"加利福尼亚"号，竟一无所知地驶往西部海域，因为该船上的报务员和"泰坦尼克"号通完话后，就去睡觉了。直到过了1个半钟头以后，"泰坦尼克"号船上的人们才恍然大悟——沉船不可避免了！于是，宽大的甲板上人声鼎沸，慌乱一团。因惊恐而失去了理智的旅客们，你争我抢地扑向救生艇、救生带，一些人眼看抢不到什么救生器具，就纷纷跳入大海。

2点20分，"泰坦尼克"号巨轮沉入了茫茫大海之中！又过了2小时以后，"卡尔帕季亚"号才赶到了出事地点，"泰坦尼克"号巨轮已无影无踪，只见阿伊斯别尔克在大海上悠然自得地漂着。

"阿伊斯别尔克"一词可翻译为"冰山"的意思，这是一点儿也不夸张的，在浩瀚的海洋上，有时可以碰到长达几十千米甚至几百千米的巨大冰山呢！1927年，挪威船员在大海上曾碰到一座长达170千米的大冰山。

冰山对行驶在海洋里的舰船来说是非常危险的！即使是现代化的大轮船和它相比，也只不过是小巫见大巫而已，如果轮船撞在冰山上，那只能是以卵击石！不错，今天人们已经有了避免和冰山相撞的办法：现代化的导航仪——其中包括雷达在内，可以在任何气象条件下都能看见它，但是，航海史上仍然发生过轮船与冰山相撞的悲剧，而且还不止一次。例如，就在几年以前，丹麦的"汉斯·赫托夫"号轮船就撞在了冰山上，死亡95人，在美洲沿岸的纽芬兰水域里，前苏联的"车尔尼雪夫斯基"号、"拉季谢夫"号、"诺金斯史"号轮船，都不同程度地受到过浮冰的损伤。

有时，在海洋上能看到其轮廓很像中世纪的城堡或瞭望塔似的大冰山，人们称它为"金字塔冰山"，还有一种形似桌子的冰山，其顶部有一块很大的平坦场地。

有的冰山高达40～60米，而且它只是露出水面的一部分！一般情况下，冰山的体积只有1/7或1/8裸露在水面上。1854年，海员们不止一次地在海洋上碰到过长达120千米，高达90米左右的桌形冰山；据专家们估计，这座冰山的体积大约要有500立方千米！在最近几十年的时间里，先后有12艘舰船通报过有关冰山漂流到赤道附近的情况。1904年，"天顶"号轮船在福克兰群岛附近，遇到了一座高达450米的金字塔形大冰山！

有一次，俄罗斯海员还看到过一座"会唱歌的"冰山呢。海水在冰山上冲出大大小小的一些透孔，刮风的时候，这些透孔内就发出了不同的声响，听起来就像有人在唱歌似的。

大海里的冰山是从那儿来的呢？

冰山的故乡就是大陆架上的覆盖冰川。我们在前边已经说过，大陆架覆盖冰川，分布在北极诸岛和南极大陆的表面；有的地方，它们正徐徐地向海洋里"爬"去。当它"爬"入海洋，架在大海上空时，就形成了所谓的近岸陆架冰川。由于刮风等自然力，使它折断坠入大海之中，于是它就开始随波逐流地漫游大海了，人们称它们为海洋里的"流浪汉"。

金字塔形冰山产生于从山区滑到海洋的冰川。当高悬在大海上空的冰川上掉下大块冰山的时候，那场面是令人惊心动魄的！在它坠入大海的一刹那间，发出像大炮齐鸣似的隆隆声，只见大海里水花四溅，波起浪涌。格陵兰有一条驰名的雅各布斯哈沃大冰川，每年从它这儿进入海洋里的冰山很多，总冰量可达几千万立方米！在新地岛、阿拉斯加和斯匹茨尔根群岛滑岸等地，都有许多类似雅各布斯哈沃的巨大冰川。

据苏联和挪威的有关学者们计算，仅在北极东部地区，每年就要产生大约7350座冰山。南极水域里的冰山也是非常多的，例如，仅在南极东部——舰船和飞机考察过的地方，就曾发现近3.1万座冰山呢！

1893年，加拿大的"波舍阿"号轮船在大海碰到一座冰山，船员们决定绕过冰山航行。船上的旅客们也纷纷要求这么做——他们多么想亲眼看看这蔚为壮观的场面啊！

很快，"波舍阿"号已来到冰山跟前，旅客们急忙打开照相机，争拍满意的镜头。就在这一刹那间，突然出现了一个令人震惊的奇迹：似乎有人在水下将轮船轻轻托起，几秒钟以后，它已爬上了潜伏在水面下的冰山台阶上！就在冰山倾斜的一瞬间，"波舍阿"号照直冲向外露的冰山！当冰山又倾向另一边时，它掉进了冰山运动时所形成的"陷阱"里。幸运的是，这个险情没有持续多久，冰山从轮船边上滑过去了，"波舍阿"号又滑进了大海。

这个偶然的奇遇说明，冰山通常总是处于不稳定和不平衡的状态之中，因为它们的几何中心位于其重心附近。

要迫使"流浪汉"在海洋上均匀地颠簸，这就需要有足够的风力和巨浪来推动它。

一座座冰山成年累月地在汪洋大海漂泊。据统计，冰山的年龄可长达10年之久——当然是说，如果洋（海）流不将它们送入温暖水域里的话。海风、大雾、波浪和热空气不停地在蚕食着冰山，它在不断地被融化，体积逐渐变小，最后被裂成了若干小块。不过，冰山碎块——海员们称它们为"核桃"，反而要比大冰山更加危险，因为冰川体积大，能反映在荧光屏上，而"核桃"却很难被发现。正因为如此，这些看来并不显眼的"核桃"，往往倒会造成海上交通事故呢。

1964年，在一个刮着风暴的夜晚，"荣誉－5"号捕鲸船就曾被"核桃"撞开了一个窟窿。不过，由于船员们奋不顾身地英勇搏斗，才幸运地避免了沉船之祸。

在一般情况下，大冰山看起来颇像海上岛屿。如果从空中看它，还可以看见它上面的"山岭"和"河流"的轮廓呢！有时，冰山上布满了大圆石和岩石碎片等杂物，甚至还带着一块块土壤。

雪花的秘密

雪花还有什么秘密呢？在一般人看来，雪花是一种极其普通的东西，就像人人皆知的春天要下雨，夏天要炎热似的。雪花就是雪花呗，太阳一晒，它就变成了水，可见，雪花就是结了冰的水而已。可是，当一片雪花轻轻地落在你的手掌上的时候，你能来得及仔细地看看它么？

雪　花

雪花是一种冰晶体，它的形状是非常奇特的。几百年来，科学家们一直在研究着它的形状，他们搜集了数量惊人的雪花——当然，这些搜集品并不是真正的雪花，而是它们的速写或者照片了。仅雪花的微拍照片就多达5000多幅！有趣的是，这么多的雪花中却找不出两种形状完全相同的来。那么，雪花到底有多少种形状呢？目前还没有人能知道。而且，情况还不仅仅如此。据考证，雪花有2种基本形状：六角薄片和六角星。不过，①这只是两种基本形状；②在这两种基本形状的基础上，它可能形成无法计算的种种变体——柱形、枝形、针形、薄片形、绒絮形。

还有，雪花这个冰晶体从天上落下来的时候，不是在任何情况下都一成不变地掉在地面上的。在干冷的天气里，当它落地的时候，显得干瘪而萎缩；相反，在潮湿而比较暖和的天气里，当它落地的时候，就变得有点儿像毛蓬蓬的棉絮。

对读者来说，雪花的第一个秘密就是：它的形状为什么会如此繁多？同样的水分子结冰后，为什么却能形成各式各样的雪花呢？到目前为止，科学家们对这个问题还没有一致的定论。

甚至在一些非专家的人们看来，雪花本身也并不是单一的某种东西。例如，职业猎人或者北方居民，对雪花区分得就要更细致一些。

人们对波罗的海沿岸的积雪就有各种看法。我们还是先以西伯利亚的积雪为例吧：这儿积雪的密度要比俄罗斯西部地区的积雪密度稀疏2倍。而北极圈内的积雪是非常坚硬的，用斧头砸它时会发出很大声的声响。

南极的积雪就更加坚硬了——在它落地后的3～4天之内，就能变得相当结实，就连推土机都很难将它铲除掉了。人们在南极观察了一种叫做"雪声"的有趣现象。

在人类征服南极大陆的历史上，曾有下述一段记载：

"有一次，报务员神色紧张地朝伙伴们跑过来：'我刚才听到有人呼救的喊声！'但这是谁在呼救？大家都在这儿，而周围最近的考察站也在4千米以外呢。'小伙子大概是发生了听幻觉吧！'站长心想，不过他还是决定出去看看。没走几步远，他也惊奇地听见有人在呼喊！而且觉得，似乎是正在雪地行走的某人发出的呼喊声。其实，这个情况差不多每个北方人都是知道的——当有人在寒冷中行走在雪地上的时候，就会发出一种吱扭声，不过，这是一种在特定场合下、具有异常音调的一种吱扭声罢了。"

在地球的"生涯"中，雪一直起着一种特殊反射镜的作用，它能将太阳辐射的95％反射回去。如果整个地球要是被冰雪覆盖1分钟的话，那么，地球上的年平均温度就会从15℃骤然下降到零下85℃！

关于雪的秘密，还可以说上很多很多，现在，我们就只说说山区的雪崩是怎样产生的吧。

居住在山岭脚下的人们，把雪称作"白色的死神"。这是一点儿也不夸张的说法。在人类历史上，记载着轻软而蓬松的雪花所犯下的许多暴行！虽然它是如此美丽，有时竟能使冬天的大自然变得那么神奇，但是它一旦发起"脾气"来，可也是了不得的。

这些原生的、轻柔的雪花，静静地躺在山坡上；但它却不知不觉地变成对人类有巨大威胁力量的一种灾难，说不定那一天就会爆发一场可怕的雪崩呢！

有时，因为人的一声喊叫，说不定也能引起可怕的雪崩，造成重大伤亡！过去，许多山民是很相信山神的。据说，如果有谁打扰了山神的安静时，它立刻就会对人们进行无情的报复——放出"白色的死神"来惩罚人们。

解密冰山湖

由一支科学工作者组成的考察队，正在向雄伟的腾格里峰挺进，他们艰难地朝山顶上攀登。突然，前面出现了一个高山湖泊挡住了去路。湖岸高峻陡直，无法继续前进。这时，考察队员们惊奇地发现，这个湖泊就像北极海区似的——湖面上也漂浮着座座冰山！

"一座座冰山在阳光下闪烁着耀眼的光芒，悠然自得地漂浮在碧绿的高山湖泊之中。冰山上有冰堡、冰塔和积雪晶体，还有半透明的洞穴和倒挂着的冰箸，这一切在灿烂的阳光下显得五彩缤纷，琳琅满目，变幻莫测，它使人不禁想起了神话传说里的仙境来！"一位科学考察工作者这样描述道。

几年以后，一些地理学家又来到了这个奇妙的高山湖。这次，他们竟有幸亲眼看到了这儿冰山的"诞生"过程。原来，这些巨大的冰块是从湖底深处冒起来的！每当它们出现时，还伴随有震耳欲聋的隆隆声。

这种罕见的怪现象，不是马上就能搞清楚的。有几支科学考察队先后来这里进行考察，经过一番努力后，科学家们终于揭开了这个有趣而稀罕的自然现象。

这里分布着2条冰川——北伊内利切克冰川和南伊内利切克冰川，第一条冰川要比第二条的位置略高。夏季，每当冰川融化的时候，南伊内利切克冰川暂时变成了天然堤坝，挡住了北伊内利切克冰川上融化下来的水，于是就形成了这个高山湖泊。湖里的水位不断增高，渐渐淹没了部分南伊内利切克冰川，最后，湖水漫过了它而向山下奔流而去，后边留下了大块大块的冰山，它们潜伏在湖底。

进入冬季以后，寒冷的天气使原来的冰坝又恢复了原状，并且使大块大块的冰冻结在湖底上。春天来了，北伊内利切克冰川上的水又逐渐注满了这个湖泊——一直到湖水开始漫过冰坝为止。当春天凹地里流满了水的时候，在浅滩上"冬眠"的冰块也开始融化，后来就浮出水面来了！

海洋里的"流浪汉"很早就声名狼藉，但在我们这个时代里，却值得重新对它们做一番评价。

近年来，世界各国都感到淡水变得越来越不足了，人们已经开始认识淡水才是最宝贵的"矿物"。不用说那些工业发达的国家，就是其他一些地区，也感到淡水供不应求了。在这种情况下，科学家们的目标又转移到冰山上来了，认为它们是淡水的天然"仓库"。要知道，我们每个人每天都需要大量干净的淡水啊！当前，科学家们有一种十分引人注目的，但也绝不是幻想的想法：将冰山拖到那些最需要淡水的地方去。

把一些中等大小的冰山（大约重100亿吨）拖来，只要有几条大拖船就行了。在良好的气象条件下，拖拉一次冰山只需要几个月的时间，而拖来的冰山却足以供应很大地区在一年之内所需要的淡水呢。

一些航海家也在考虑如何减少和这些庞然大物相碰撞的危险性问题，他们曾试用飞机在空中轰炸，用大炮在海上射击，遗憾的是，这些措施并不能获得令人满意的效果。法国学者皮埃尔·安德里·莫雷，建议采用一种办法从冰山内部来摧毁它，即用直升机朝冰山顶部投下一种特殊的鱼雷——鱼雷的头部赤热，可以钻进厚厚的冰层里边；然后，鱼雷机制才慢慢引爆，使鱼雷在最有效的部位爆炸。

旋转岛

《日本沉没》是日本最畅销书的小松左京的小说。然而，观众们不禁会问：作品中那惊心动魄的沧桑剧变，仅仅是艺术家浪漫的想象呢，还是确有科学根据？日本列岛会不会真的发生类似"沉没"那样的巨大灾变？

让我们先来看看日本列岛的历史吧。地质学家指出，日本列岛所在的地方，早在5亿年前（奥陶纪）还是平静的海底，至2亿年前（三叠纪）才变成植物茂密的陆地。而日本列岛面对的日本海，却连1亿岁也不到。因为像日本海这样大小的海，只消1亿年的时间就会被冲积物完全填平。这就是说，日本海的历史比日本列岛的历史短得多。据此，过去有人认为，日本列岛原是紧靠着大陆边缘的，或者甚至是亚洲大陆的一部分，只是在6000万～3000万年前，被某种巨大的力量推离亚洲大陆，并且"折弯"成了现在的弯弓形状。

20世纪80年代以来，由于放射性年代测定和古地磁测定技术的发展，科学家们不但证实了上述推想基本可信，而且有了许多令人吃惊的重大发现。原来，日本列岛地质史上变动最激烈的时间不是6000万或3000万年前，而是在1500万年前。其剧烈程度更是世所罕见。当时，日本列岛的西南部分曾以朝鲜半岛和北九州之间的一点为中心，在100万年间沿顺时针方向相对于欧亚大陆旋转了47度，这意味着旋转部分的东端移动了600千米，即平均每年60厘米（一般的地壳变动每年不过几厘米而已）。而在同一时间里，列岛的东北部分则沿着逆时针方向旋转了23度。日本列岛真的是被折弯成弓形的，或者说，像是亚洲大陆上的两扇对开的门，向着太平洋的方向打开了。有人认为，两个门扇之间也许原来并不相连，而是由冲积物填满了中间的缝隙形成了现在的本州。还有的学者发现，今天的地震之乡、温泉胜地伊豆半岛，原来也并不同本州相连，它是在仅仅 200 万～300 万年前由南向北移动，撞到了本州上面的。也许正是它起了门栓的作用，才造成了今天日本列岛这种形状。

总之，日本列岛是一个旋转的列岛。这个说法听起来似乎有点玄；但科学家们确是根据古地磁学的研究成果才

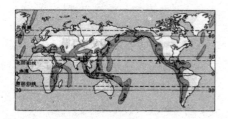

世界地震带和火山分布示意图

作出这个判断的。地球内部并非如过去人们所想象的那样藏着一块巨大的永久磁铁，实际上，任何强磁体在地球内部那种高温下也会失去磁性的。地球磁场的产生，其实完全是由地球本身的运动造成的。原来，地球内部的岩浆一直在作一种流体运动，这就使地球变成了一台巨大的发电机，并通过电磁感应造成了地球的磁场。这台"超巨型电机"的运行经常会发生一些变动，从而使地球磁场也跟着不断变化。同时，各个时代地球磁场变化，还会在当时形成的岩石中打上剩磁印记，记下当时地球磁场的方向。近年来出现的"大陆漂移"、"板块理论"等学说，都已由古地磁学提供

的具体数据所证实。近年来日本神户大学的乙藤洋一郎、日本工业技术院地质调查所的当舍利行以及京都大学古地磁研究组根据古地磁学的研究，终于提出了"日本列岛旋转"的结论。

那么，究竟是哪一股力量推动日本列岛旋转的呢？现在还不能完全解开这个谜。有的科学家认为，是印度次大陆板块与欧亚大陆板块的碰撞，造成了世界最高的喜马拉雅山脉的隆起。日本列岛以及与它大致相连的另外几个形状和方向相同的弧状列岛（如千岛列岛、马利亚那列岛、琉球列岛等等）都是在这个巨大的地壳变动中从亚洲大陆上撕下来的。今天日本作为世界上著名的地震与火山之国，它的地壳变动更比其他许多地方活跃和激烈，难怪会使艺术家产生"日本沉没"那样的大胆想象。从科学的角度来看，今天的日本列岛尽管还保持着一种优美的弓形的平衡状态。但这种平衡能否永远保持下去呢？如今谁也不敢断言。

择捉岛

1936 年夏天，法国旅行家安让·李甫在海上遇难，被海浪抛到了这个人迹稀少的择捉岛上。他当时的记述很有趣："……我身上除了一个载炊具的旅行包外，便一无所有。正当我饥火如焚的时候，却意外地发现在一个浅水洼里有几尾僵硬了的小鱼，我大喜过望，随即燃起薪草，烧鱼煮汤。锅里还未冒

择捉岛

气，我已急不可耐了，猛地揭开盖子，看看小鱼熟了没有。谁料不揭犹可，一揭之下，竟吃了一惊，原来锅里的'死鱼'竟然在热气蒸腾的水里活过来了！要知道，这时锅里的水温已经起码有50度啦！这真使我大惑不解。要说是幻觉吗？扔下的几颗荞麦粒又被它们抢个精光…… 这真是何等神奇！非特如此，择捉岛上还有一个有如神话般的境界——岛上有一个直径3000米的古火山口，形状就像一口巨型的石锅。锅口峰峭摩天：有的直立如虚幻的神鱼，有的横卧似狰狞的石像，有的像飞禽，有的像走兽。蝴蝶硕大，蜻蜓巨眼。锅底荡漾着蓝色的湖水。山洞流淌着透明炽热的酸河……"像李甫记述的"在热汤锅里遨游的小鱼"也并不是幻觉。这些"怪鱼"，就是被古火山活动所"烫"热的一个小湖泊里的"居民"。当年它们的祖先在火山爆发中幸存了下来，逐渐适应了这酷热环境，一旦落在凉水里反倒不适，竟至僵硬如死了。

择捉岛的疑谜主要集中在古火山的南部，那里堆满了一块块打磨圆滑的巨石，既有黑色的、灰色的，又有褐色的和浅绿色的，每块石头上面还凿满了奇异的线条和花纹，据考古学家猜测，这可能是现代语言科学上还不知道的文字；另有几块黑石上刻的却不大像文字，而最多只是一些符号。有一块描画的全都是飞鸟，有的伸长着脖子作急飞状，有的又仿佛是刚起飞的样子。有一块甚至只雕琢着一个大箭头，直指峭壁脚，仿佛告诉来访者：瞧，那儿埋有宝贝！

更妙的是，有几块绿色圆石上竟刻着现代人类社会里所熟知的符号，比如角度、加号、减号和等号；五和四字样的罗马数字；四方形和矩形；甚至还能清晰地看到拉丁字母"Y"和"S"，以及一些圈得异常端正的圆点……它们一个紧接着一个，仿佛组成一篇数学论文似的。

半个世纪以来，各国学者对择捉岛的奇异文字已作过多方面的探测，但迄今为止仍未能取得多大进展。岛上的现有居民是后来从日本列岛迁移过去的，对择捉岛的过去一无所知；而据考证，千岛群岛上的古代居民——大胡子民族，又从来没有过文字。那么，是天外来容留下的遗迹？还是欧亚大陆的远古来访者留下的纪念物？这就看哪位勤奋的考古学家能给我们解答了。

妖魔漩涡

读过古希腊荷马史诗的人，大概对《奥德赛》篇所提到的西拉魔礁和卡利布提斯漩涡都会有所了解吧。据说，在希腊西部海面有两处吞噬来往船只的漩涡，其漩流强度惊人。有时甚至一天能吸陷水流 3 次，接着又把浪涛抛射高空。英雄俄底修斯有一次从赫利俄斯岛乘船返国，途经卡利布提斯。船上的人都被卷入大海，成为六首十二足水妖西拉的美餐。只有俄底修斯拼命游出了可怕的漩涡，才侥幸脱险。

荷马写的这段故事在欧洲民谚中留下了深深的烙印。例如英语中有 between scylla and charybdis 的说法（即"前有岩礁妖魔，后有漩涡"），跟我国的成语"腹背受敌、进退维谷"的意思相近。在希腊语中当然也有类似的谚语。

对于西拉和卡利布提斯这两处魔礁和漩涡的真实地理位置问题，古今均有不同的猜测。古人认为：卡利布提斯漩涡的位置就是现今人们称之为加罗法罗漩涡这个位置，即在塞西拿市海堤尖突对着的海峡处；后来有人说它就在葡萄牙的法鲁角附近，西拉漩涡当然也就在其对面。记的是还有一种说法是：这两处漩涡就在墨西拿海峡上，西拉偏于卡拉布利亚一侧，而卡利布提斯则偏于意大利西西里岛一侧。据今天查明，后者所判断的地理位置才是正确的。

荷马为后世所设下的两大漩涡之疑迷，曾引起许多科学家们的兴趣。著名哲学家亚里士多德就曾用他的哲学对它们作过这样的解释：他认为墨西拿海峡上这一对令人望而生畏的漩流之形成可能是因为这海峡中存在两股反向奔流的水流。20 世纪 20 年代以来，人们根据实地观测的结果，得出了其形成原因还有一个潮汐的相位差的问题。他们发现，当海峡另一端的第勒尼安海涨潮时，海峡这一端的爱琴海水就开始退潮。

为了彻底解开这一疑谜，西德汉堡大学和意大利罗马大学的科学工作者们携手合作，借助美国的海洋气象卫星对其进行了跟踪。他们在卫星发回的雷达图像上发现：离海峡北约 30 千米处的海面上有 3 个相继排列的漩涡环。据分析，它们好像是在墨西哥海峡中生成的。由于海峡受到潮汐的反流，形成了界面水质密度不同的现象，这就是所谓的"内在波涛"。在潮汐反流的过程中，爱琴海中含有盐分的质量较重的水被逼压而流入墨西拿海峡，从而缓缓地把每勒尼安海中质量较轻的水弹压回去。在这种力的作用下，海峡界面水便被压到底下，因而使海水产生了漩涡流。后来，他们又乘船实地考察，进一步证实了他们自己的分析。这样，漩涡每隔 12 小时重现一次的现象也得到了完满的解决。

对于该两处漩涡为什么今天已不那么危险的问题，在此之前曾有人作过这样的解答：由于多次的地震，墨西拿海峡的宽度已比荷马写书那阵子加大了，因此漩流也就显得不那么急了。

沙人之谜

在英格兰的东南海岸附近的德本河沿岸，有一片长着野草的低矮的土丘，此地名叫苏腾胡。1939 年，考古工作者在苏腾胡有一个惊人的发现。他们在一个土丘下面发现了一条 27 米长的木船，船上有一个破损的船室，室内有用黄金和石榴石装饰的武器、盔甲、青铜碗、银饰物和一些珍宝。考古工作者又惊又喜。这是一条沉船吗？也许苏腾胡过去是海底。这条船在海上航行时遇上了风暴，翻倾沉没，在漫长的岁月中为逐渐沉积的泥沙所掩埋。

不！考古工作者经仔细研究后发现：它是一个奇特的墓葬，是 1000 多年前的盎格鲁撒克逊国王雷德沃德的坟墓。他所有的财富——船、武器、盔甲和金银珠宝都随他埋在了地下。

这个惊人的发现激起了一股考古热。在过去的 40 年内，考古工作者在苏腾胡发掘了 23 座盎格鲁撒克逊人的坟墓。他们出土了不少殉葬品，可是却没有发现尸首或骨。发掘者感到愕然，感到茫然，感到迷惑不解。他们经过分析研究后得出了一个差强人意的解释：

沙土中的各种酸，在过去的漫长岁月中，对尸首和骨不断地进行腐蚀，终于连肉带骨头都"吃"得干干净净，只留下尸体压出的印记。被压的沙土有些褪色，也就是说，其颜色比周围的沙土要浅一些。

待考古工作者把盖在这些印记上的松土刨去后，眼前便赫然出现了一个人体的沙模，头、手、脚等一应俱全。考古工作者瞠目结舌，不胜惊愕。他们把眼前出现的奇迹称为"沙人"。

如何研究沙人？估计在苏腾胡的沙丘下埋葬着 300 来个"沙人"。对考古工作者来说，研究和记录这些"沙人"

的想法引人入胜，但又感到困难重重。

不能把"沙人"像木乃伊或骨架那样从地下弄出来，因此，在以前的发掘中，研究人员只对"沙人"进行拍照，并把发现的情况绘制下来。以前所作的最好的纪录，是向坟墓内灌注液态、橡胶，铸造出死者的形象来。

这种方法虽然好，但有美中不足的地方。因此，科学工作者开始试验一种高技术工具，用计算机把"沙人"的大小和形状记录下来。这种工具称为三维追踪系统。它的心脏部件是一个小电箱。电箱连在一个小型计算机上。从电箱拉出一根线来，接上一个像铅笔似的探头。科学家拿着探头从空中接近"沙人"。从电箱拉出的第二根线导向坟墓附近的发射机。

发射机把一个磁场发射到"沙人"躺卧的上空。与此同时，科学家拿着探头在"沙人"的表面上一点一点地移动，用探头上的声呐测出每一点的磁场强度的变化，用追踪系统中的其他仪器测出其他特性的变化，从而确定探头在空间中的确切位置。一共要记录约 3000 个点，点与点之间的距离约为 1 厘米。通过计算机绘图程序把这些点绘在 X—Y—Z 轴上，便会出现"沙人"的三维形象。

保罗·雷利和安德鲁·沃特用三维追踪系统记录的一个"沙人"，形象逼真，简直像从地里挖出来的一样。

一旦上了计算机的屏幕，"沙人"就能翻身、旋转，考古工作者就能从任何角度对"沙人"进行研究，还可以把"沙人"放大或缩小。他们希望"沙人"

提供的线索能帮助他们确认"沙人"到底是谁。

在苏腾胡埋葬的盎格鲁撒克逊人中，有的死得怪异。例如，有个人向前弯着腰，两手是捆起来的；另一个人是跪着的，没有脑袋。考古工作者认为，他们可能是因犯罪被杀或古代宗教迷信中的牺牲品。其他的大多数"沙人"都采取仰卧姿势，神态安详。有个"沙人"甚至双手合十，像在祈祷。这种"沙人"的出现，可能意味着基督教已传到苏腾胡。

基督教于公元7世纪初传到英国，其势如秋风扫落叶，扫荡着旧的宗教和风俗习惯。信这种教或那种教的英国人，纷纷转而信奉基督教，与此同时，诸如以船为棺、以平生的贵重物品殉葬国王之类的风俗习惯则被革除。"沙人"的埋葬情况，便反映了宗教或风俗上的这种变革。

为了深入地研究古代盎格鲁撒克逊人的宗教和文化，考古学家和历史学家拟再发掘一些"沙人"。

辐射光

马提尼克岛位于加勒比海小安的列斯群岛的中部，面积仅1091平方千米，现属法国，被划为法国的海外省。

20世纪60年代初，法国科学家格莱华博士到马提尼克岛进行科学考察。在比利山区，格莱华博士和他的助手涅连博士发现了一种性质不明的辐射光。

马提尼克岛

生物（包括人类、动物、植物）受这种怪光的影响，体内会发生奇妙的变化，使生长速度大大加快。格莱华博士公布了他的发现，引起了全世界科学家们的极大兴趣。

据报道，由于这种辐射光的作用，格莱华博士（64岁）和涅连博士（57岁）虽然在那儿只待了2年，却分别长高了2英寸。这对于两个年过半百的老人来说，几乎是不可思议的。格莱华博士还指出，从1948年起，10年左右的时间内，当地的成年居民都增高了3～4英寸，而动物、植物和昆虫的增长尤为迅速。岛上的蚂蚁、苍蝇、甲虫、蛇和蜥蜴等都比正常的增大了几倍，并且还有继续增长的趋势。尤其是岛上的老鼠，竟然长得有猫般大。科学家在辐射光最强的比利山区种植了树木，这些树木的增长速度更为惊人。

这种辐射光是一种什么性质的光？它的来源是什么？为什么会有这种神力？它为什么到1948年才出现？众说

纷纷。一些火箭专家提出了这样的观点：在 1948 年，可能有一只飞碟（或者是别的天外来物）坠落在比利山区，使该岛生物迅猛生长，神秘辐射光就来自一个埋藏在地下的飞碟（或天外来物）的残骸。这情形与 1908 年的通古斯大爆炸颇为相似。不过，在飞碟之谜被揭开之前，这种观点很难被所有人所接受。有人则认为，那个岛上大约埋藏着一种强烈的放射性矿物，这样就造成了一系列的奇迹……

马提尼克岛上的神秘辐射光到底是怎么回事，仍有待科学家们研究解答。也许这个神秘辐射光之谜的揭晓，将为体坛培育大量高个子中锋呢！

贝加尔湖

西伯利亚人眼中的贝加尔湖是一片神圣不可侵犯的"荣耀之海"，深达 1637 米，总面积 34000 平方千米。虽然只是世界第 7 大湖，却有地表最大的淡水容量，远超过美国 5 大湖的水量总和。这一大片水域中丰富的水生动物植物也让生态学家眼睛为之一亮，目前已

贝加尔湖

发现有 1550 种动物和 1085 种植物，其中至少有 1000 种以上为本地所独有。贝加尔湖的底层结构也很特殊，水中岩层构造雄厚，洼地厚达 7 千米，几乎是美国大峡谷的 7 倍高，也是目前全世界最大的洼地。

俄罗斯本身对这个水中峡谷的生态体系兴趣十分浓厚，针对贝加尔湖的有关研究已有 1400 篇论文发表，但是仍有一大串疑点未能理清，负责推动贝加尔湖研究的西伯利亚科学院想到借助外力，共同探索这块未开发的研究领域。目前已有法国、比利时、荷兰、瑞士、中国、美国和英国共同参与这项计划，其中又以英国皇家学会最为积极。皇家学会总裁波特 1990 年 10 月特别赶到贝加尔湖，与西伯利亚科学院签订研究协定。英国研究人员发现，一般湖泊深到两三百米时即少有生物，贝加尔湖却是特例——深处含氧丰富，生物种类奇多，甚至降到 1600 米底部仍可见大量生物群。这可能是因为湖面强风吹袭，再加上每年大批沉入湖底的碎冰带来足够的溶氧，才使生物群蕴藏生机。

贝加尔湖内特有的底栖生物含量之丰也令人惊叹。漱洲湖泊像虾般的扁形虫总数只有 11 种，而贝加尔湖却高达 335 种之多。其中有一种扁形虫长达 40 厘米，是目前全世界最大的一种，还有能力猎食小鱼。到底这些底栖鱼类的营养源从何处来？美国国家地理学会正准备动员地质化学和微生物学家来解谜。目前已经发现贝加尔湖最大支流三角洲下有热流出气口，这可能足以解释跟海

底火山口附近生物繁茂滋长的情况类似。

包括英国、美国在内的 7 国联合研究小组，对这湖底厚达 5 千米的沉积层兴趣浓烈，这块长达千万年的沉积层未受冰河的影响，7 国合组的钻探小组若有突破，可能靠着贝加尔湖这段特异的"深水历史"，解开一些地球演进的谜团。

恐怖的雪崩

在阿尔卑斯山区，至今仍流传着一个恐怖的悲惨故事：第一次世界大战的时候，奥地利和意大利战线上曾发生过一次大雪崩，造成了大约 1 万名士兵的死亡！

1962 年，南美洲也发生过一次类似的事件，大雪崩使多山之国——秘鲁遭受严重损失。大量雪块从瓦斯卡兰山上直冲下来，只有几秒钟工夫，就有 8 个村庄被全部淹埋。据科学家们估计，这个"白色的死神"足有 300 多万吨重呢！

在俄罗斯的高加索、乌拉尔和喀尔巴阡山等地区，也经常出现雪崩。雪崩常常给科拉半岛上的居民带来灾难；尽管这里的山岭并不高大，但它们也能形成比较大的雪崩。例如，有一次，尤克斯巴尔山上发生雪崩，竟将下边铁路上的一辆机车都冲跑了！而且还摧毁了一大段铁路呢。要知道，这次雪崩还不算大——只有 120 吨啊。

可想而知，冲力高达几万吨或几十万吨的雪崩会有多么厉害呀！如果雪崩的速度达 200 千米/时的话，它就能摧毁前进道路上最坚固的石头建筑物。

雪崩之所以有如此强大的摧毁力，其秘密还在于它能掀起强大的气浪！而气浪的冲击力量要比雪崩本身还危险，它可以推倒房屋，折断树木，使遇难者的眼睛受伤或窒息而死。就其实质而言，雪崩所激起的气浪无异于重型炸弹爆炸时所产生的气浪。

有一次，阿尔卑斯山的雪崩冲到了一座旅馆附近，在离旅馆大约 5 米远的地方停下来了；可是，气浪却基本上摧毁了这座建筑物。在该旅馆里，除了那些背向雪崩方向的人们幸存下来以外，其余的人通统死亡——被冲进房间里的压缩空气憋死了！

1954 年冬天，达拉斯站发生了一次大雪崩，气浪竟将一辆 40 吨重的机车从铁路上冲起，抛到了大约 100 米以外！就是当时停在站上的、非常沉重的电气列车，也遭到不同程度的破坏。不少建筑物顿时变成了一堆堆破砖烂瓦！

阿尔卑斯山是为"白色的死神"常设的"庇护所"，这儿几乎年年都要发生雪崩。居住在阿尔卑斯山下的人们，都深知它的"奸诈秉性"，也知道该如何躲避它的侵袭。他们总是将自己的住所修建在山坡、岩石、森林和灌木丛等天然保护区，尽量设法避开雪崩的冲击方向。

不过，自然灾害毕竟还是自然灾害，尽管当地居民采取了一系列防范措施，但时至今日，"白色的死神"还是给他们带来不少灾难和不愉快。因此，科学家们一直非常重视雪崩的"脾气"和它的形成条件等研究工作。

在连绵不断的高山峻岭上飘着雪花，它是那样温柔，似乎是白色的天鹅绒，不一会儿，整个山头渐渐被大雪覆盖，山崖上挂满了雪花，低洼处于满了雪花。

在落地的一瞬间，每片雪花都保持着它那花边式的形状。雪继续下着，无数的雪花堆集在一起，于是，雪花渐渐失去了它的自然美，和周围的雪花冻结在一起。此后，它们又开始了新的变化。大地盖上了一层厚厚的雪被，好像进了温室里似的；如果它在下雪以前就冻结了的话，那么它在雪花的"皮袄"下就可以变得暖和起来。

雪被下面的水蒸气上升到上层积雪时，就引起了雪晶体的变化。于是，积雪就会发生所谓再结晶的过程，变成酥脆的颗粒。起初是下边酥脆，后来渐渐发展到了结实的上层来。这时，如果刮起风来，再结晶的过程就会加速进行。当气流迅速通过积雪表面时，这儿的气压就会下降，于是，水蒸气就像被用风泵抽似地从积雪中冒出来。

厚厚的积雪渐渐覆盖了山山岭岭，成百上千吨的积雪半悬在陡峭的山坡上，在外力的作用下，它们相互失去了牢固的联系。在这种情况下，它们随时都有可能冲下山坡来。雪崩最容易发生在气温急骤上升的时候。一旦发生雪崩，大量积雪就会顺着山坡上滑溜溜的雪面直冲下来，犹如雪橇冲下山坡一般！它们越冲越快，带动了的积雪也越来越多，最后便形成了势不可挡的大雪崩！

"尚未来得及和旧雪层粘连在一起的新鲜干雪层，"著名的法国地理学家埃·雷克卢写道，"会因微小的撞击或声响而开始下滑。有时，仅仅因树枝落下来或者出现某种声响，就可能破坏积雪的平衡，如果这种平衡一旦遭到破坏，它们便立刻顺着山坡滑下来。雪崩的速度由慢而快，携带的积雪越来越多，并且带动了前进道路上的石头和草木乏类，于是，树木被折断，房屋被摧毁，呼啸着直冲谷底！雪崩周围被激起的雪暴，同样能将树木连根拔起。这类雪崩的威力强大，有时竟在原始森林中也能给自己铺平前进道路。此外，仅雪崩伴随而起的雪暴，也可以刮断大树呢！"

不仅是巨大的声响，有时甚至连"影子"也会引起一场可怕的雪崩呢！您可以想象出积雪陡坡的情景，不久前刚下过一场大雪，新鲜的干雪层轻轻地躺在硬邦邦的雪面上。起初，红红的太阳晒在白皑皑的山坡上，后来就躲到山背后去了。据维尼·阿库拉托夫教授计算，这种雪层在长1千米的地段上，当气温下降1℃的时候，其厚度大约要缩小17厘米。这就很可能成为雪崩的最初起因：大块积雪开始下滑，其速度越来越快，于是，一场惊心动魄的雪崩就开始了！

在偶然情况下，人们碰到雪崩也可能平安无恙呢。1981年3月间的一天，达吉克斯坦某水文气象站的两位青年工作者，正兴致勃勃地在安佐勒山口滑雪。突然间，他们脚下的积雪活动了！不一会儿，两个小伙子被雪崩夹带着冲下山来，一架直升飞机立刻出动去寻找他们的下落。一昼夜以后，人们终于在一个狭谷里的一座牧羊人的小木屋附近找到了他俩。

有一次，戈尔诺—巴达赫尚自治州的一位推土机司机遇到了雪崩，巨大的雪流将他的推土机轻轻托起，就像托起一个玩具推土机似的，并将它从120米的高坡上抛下深谷！筑路工人们都以为自己的伙伴这下可完啦。可是，这位司机却侥幸地活下来了：只见他爬出司机室来，尽管他惊魂未定，没精打采，但他全身上下却没受一点儿伤。

当前，有关方面已经制订出了一系列对付雪崩的措施：采用雪崩切割与雪崩输导方法，用金属网或尼龙网控制雪崩势能，修筑台地和设立防雪栅……

按照惯例，还采用了国外所使用的一些办法。例如，建议进山的人员要带上气球和充有压缩气体的气瓶，以备不时之需。据发明这种气球的人说，当遇到险情时，在2秒钟内就可以充好气球，它能使遇难者在雪崩地点升空！气球的负荷量应在事先计算得恰到好处：能使它的主人不朝任何方向飘去，而是只"挂"在雪崩地点的上空，就像坐在浮囊里那样。

要从根本上消除雪崩，就得采取大炮齐轰的办法，即朝着可能发生雪崩的地方打炮，预先排除险情。不过，在开炮或拉响地雷之前，首先得防止山坡上的积雪"偷袭"；另外，迅速将其他地方涌来的积雪清除掉，尽量控制住雪崩爆发，立即向上级有关部门报告险情。

可是，无论在什么情况下都必须做好充分的准备工作——准确地估计险情；考虑炮轰可能引起的后果，以便不再出现1951年瑞士所发生过的那种事故。那次，负责用地雷炸雪崩的指挥官，错误地选择了引爆的时间与地点。"16点开始决定性的雷炸。突然间，某处传来了可怕的隆隆声和呼啸声！雪崩拥着那位军官直冲向山下的村庄里去，并将他的两名助手——射手，掩埋在离一座乡村小学不远的地方。一位射手躺在畜棚里的一头母牛旁边，半天才苏醒过来；另一位射手好不容易才将头从雪堆中伸出来。那位军官是被人们用试探器找到才幸免于难的。"

在俄罗斯的西伯利亚、高加索、帕米尔和希宾等山区，建立起了数十座雪崩观测站。在这些站上工作的专家们，借助精密的仪器，夜以继日地进行观测，及时预报雪崩的险情。

在1983年第7期《科学与生活》杂志上，曾援引了国外的一则消息说，在马蒂·久里教授的领导下，芬兰的一些工程师研制出了一种新式仪器——在雪崩形成以前的很长一段时间内，就可以准确地预报险情。这种仪器能自动测量雪层的厚度和温度，并根据所得资料确定该地区是否会发生雪崩。在瑞士雪崩危险区工作的救护勤务，都配备有微型收发报机，可以随时租给进山的人。如果碰到雪崩，预先固定在遇难者靴子上的微型收发报机，能使别人发现他被埋在何处——有效深度为8米，要是他被埋在30厘米深的积雪中的话，那是绝对准确的。

罗布泊

地球上各种地理现象，能够称得上"谜"的并不多。巍巍的珠穆朗玛峰，莽莽的青藏高原，波涛汹涌的大洋以及雪盖冰封的南极大陆，它们的真面目只是在最近几十年的时间里才被初步揭开，所以，历来人们认为这些地方是个"谜"。

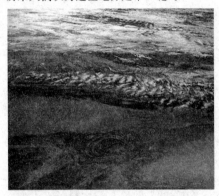

罗布泊

然而，位于我国新疆境内塔克拉玛干大沙漠东端的罗布泊，也可以和上述大的地理单元相提并论，驰名中外。

成书在春秋战国时期的，我国最早的一部地理著作《山海经》，曾经多次提到罗布泊。可见，在2000多年前，罗布泊在我国人民心目中已颇有名气。

我们的祖先确有非凡的能力，在生产力极度低下的奴隶制社会里，已经知道距他们一两千千米之外的沙漠内的地理情况。与此同时，他们也犯了一个错误，这个错误使得其后几百年内，人们对罗布泊发生误解。这也许就是最早的有关罗布泊之谜罢。

《山海经·西山经》载："……东望泽，河水所潜也。"

问题就出在"河水所潜"四个字上。意思是说，黄河的源头是罗布泊。不过，那不是明流，而是暗流，湖水潜入地下，成了河源。

这个错误影响很大，直到两汉，司马迁的《史记》、班固的《汉书》，都沿袭了《山海经》的错误说法，而且越说越玄。《汉书·西域传》："于阗在南山下，其河北流与葱岭河合，东注蒲昌海。蒲昌海，一名盐泽者也，去玉门阳关三百余里。其水居亭，冬夏不增减，皆以为潜行地下，南出于积石，为中国河。"

蒲昌海、盐泽都是汉时对罗布泊的称呼。中国河即黄河。史书大家轻信了前人书本上的材料，又加上"南出于积石"，竟然把罗布泊与其东几百千米的毫不相干的积石山扯到一起，犯了盲从主观的错误。

罗布泊为近代科学家所熟知，并作为一大疑谜，广为流传中外，还是近100多年的事。19世纪70年代初，俄国人普尔热瓦尔斯基，深入我新疆境内考察，在塔克拉玛干沙漠东部发现一个湖泊，标在地图上，并认定，他所看到的湖泊就是罗布泊。

可是，这一意见遭到德国人李希霍芬的反对，他认为，普氏所见的湖泊并不是罗布泊，而是另一个湖泊。因为，李希霍芬把普氏地图与清朝实测地图相对照，发现普氏所标示的湖泊与清图罗布泊向南相差1个纬度。

是清政府的地图画错了，还是这个神秘的湖泊长了腿，自己向南走了100多千米呢？各种意见，众说纷纭，莫衷一是。

接着，瑞典人斯文赫定、英国人汉丁顿、德国人赫纳尔，还有当时来过罗布泊的一些中国学者，都参加了这场争论。

说来真有趣，确实有人认定罗布泊是一个游荡不定的湖泊，即所谓"游移湖"。

这一论争一直延续到新中国成立以后，曾经到新疆参加考察活动的苏联学者西尼村与穆扎也夫之间意见也不一致。前者把湖泊移位归之于地壳运动的不均衡性，而后者认为与流进罗布泊的河流变动有关。

罗布泊

当时到罗布泊探险、考察的都是国际上很有名气的大人物，他们回国以后写了不少文章论著，阐明自己的观点。于是，罗布泊也就渐渐扬名中外了。

引起对罗布泊的种种猜测和争论是有其原因的。

罗布泊本身就是一个富有神秘色彩的湖泊。它的面积曾经达3000平方千米，是我国仅次于青海湖的第二大咸水湖。罗布泊深居亚洲大陆的腹心地带，它的西部是举世闻名的塔克拉玛干大沙漠，发源于塔里木盆地四周山地的大小河流如塔里木河、孔雀河、车尔臣河都把罗布泊作为自己的最后归宿。从地质构造上看，第四纪以来，罗布泊是一个地壳坳陷中心，百万年来，地壳缓慢下沉，河流带来的千万吨的泥沙仍然没有把它填平。

围绕湖盆四周的千姿百态，迷宫般的风蚀地形，有如蜿蜒起伏的游龙，即我国古书称之为"白龙堆"或"龙城"者，维吾尔族人民称这种地形为雅丹地形。

罗布泊湖面变化与湖盆地形有关。它是一个沙质的低平的浅洼地。打个比方，就好像一个浅底的碟子，面积虽然很大，却浅得很，平均深度还不足半米。正因为湖底浅平，湖水水量的变动，可以使湖水面积造成极大的波动。有时，烟波浩瀚，有时却变得很小，甚至成为一片沼泽，这也是引起关于罗布泊变迁的种种猜测的重要原因。

现在，这个问题基本上解决了。20世纪50年代以来，我国曾组织大规模的综合科学考察队，深入罗布泊地区，进行空前规模的考察活动。经过实测证明，罗布泊是塔里木盆地最低的地方，根本不会出现罗布泊的湖水流到别的地方去的情况。一些人看到的罗布泊南部的湖泊，那是当时塔里木河改道，形成的新湖，与罗布泊无涉。至于湖泊大小变化，自然会有，但从未越出湖盆之外。

1973年，美国大地卫星对罗布泊地区拍了照。照片表明，目前罗布泊已经完全干涸，在湖盆东、北、南三面留下一条条半圆形的自然堤，那是由于湖水在风的吹动下搬运湖中泥沙堆积而成。这是一个非常可靠的湖泊变迁的记录，科学家们可以据此判断湖泊变迁的历史。我国著名地理学家周廷儒教授在他的一篇论文中作出一幅从秦汉到今天2000多年的漫长时期内罗布泊变迁图。

罗布泊还给人们留下了宝贵的财富。据最近对罗布泊湖盆调查，证实罗布泊堆积着各种盐类、石膏，可能还有稀有元素和重水。

引起科学界普遍兴趣的还因为在罗布泊附近发现了大量人类活动的遗址，即所谓楼兰遗址。

1901年，斯文赫定第一次在罗布泊西北方不远的风蚀地区找到了古城遗址，收集到许多精美的雕饰、丝绸织品和大量用汉文书写的木简和文书。之后，许多国内外考古工作者陆续来此，收获也很大。

这些出土文物，虽然经历了一两千年的漫长岁月，依然完好如新。丝绸织物不但有各种纹理的织法，而且色泽鲜艳，图案清晰。木简和文书上的字迹也清楚可辨。在断墙残垣的废墟中，房舍井然。盖房用的木梁、檩条、椽子，比比皆是。为研究当时楼兰的社会经济状况提供了极其珍贵的第一手材料。干旱少雨的气候条件保存了它们。就是死人尸体，有的也不腐烂，人们在这里找到过几具保存得相当完好的干尸。

从这些出土文物中，我们可以断定，这座城池规模很大，延续时间也很久。木简记载的皇帝的年号，从西汉宣帝开始一直到东晋初年，相间400多年。木简中还记载了与屯田有关的仓库的名称，当时从内地迁此的军垦人员携带家眷的情形；并且，当时已经使用了耕牛耕地，广泛地引水灌田。所有这些材料都明白无误地告诉我们，当时楼兰是一个重要的农垦中心，有很多的人口，有发达的文化。

另外，从出土的铜币以及当时我国内地尚不会制造的玻璃与玻璃制品来看，楼兰应当是我国西部重要的贸易中心，丝绸之路就是从它的身边经过的。来自中亚、西亚的商人带着货币和特产在这里与我国传统商品交换。其时，印度的佛教也已传到这里，那到今仍耸然危立在荒原之上的佛塔遗迹说明了这点。

我们不禁要问，在这样一个涉无人烟、极度干旱、寸草不生的地方，怎么会出现如此规模的城市呢？

原来，2000年前，这里的环境并不是今天这个样子。

塔里木河

源远流长的塔里木河正好从它的身边通过，带来丰沛的淡水，当时罗布泊面积很大，距楼兰不远。在沙漠地区，水就是生命。有了水就有农业，有居民。正是这取之不尽的水哺育了在这里居住的人民。人民兴修水利工程，种植作物，收获甚丰，古书有所谓"大田三年，积粟百万"的记载。

沿着河流和湖泊两岸生长着茂密的芦苇和高大的胡杨林。其间栖息着许多动物：老虎、野猪、马鹿、野兔、水獭等，河湖中盛产鱼虾。这种生态情况，在 20 世纪初为一些探险家来此地考察所证实。

科学家们推测，造成城市废弃，居民迁徙的根本原因是河流改道和湖面缩小。在干旱地区，这种情况是经常发生的。因为干旱地区河水暴涨暴落，泥沙淤积甚盛，大片的流沙常被大风吹入河床，这样就势必造成河流改道，而靠河流补给的湖泊也就因此而荒废了。造成罗布泊干涸的另一个原因是河流上游的农垦。新中国成立以来，在塔里木河、孔雀河两岸开垦了大片农田，拦截河水，引水浇地，致使最后流进罗布泊的河水就不多了。

神农架"水怪"

神农架"水怪"到底是什么动物？它是不是远古残存下来的恐龙？

著名进化论专家、中国"野人"考察研究会执行主席刘民壮等来到神农架，专门调查了"水怪"等奇异动物。

神农架

考察团来到神农架长坊乡，该乡党委副书记黄先军、副乡长唐文学等向考察团介绍了当地发现的白色动物、鸡冠蛇等珍奇动物，并特别指出长坊乡东部洪河中有一口深潭，潭中曾发现有奇异的水生怪物。向导带领考察团访问了长坊村老猎手、老药农慎方云和阙德府。阙德府今年 60 岁，身体还很硬朗。他说：10 年前，他和现在的神农架林区政府司机王锡湘、宋洛卫生院院长王锡成兄弟俩结伴，步行约 30 千米，来到红河水怪潭。此潭幽深莫测，潭面水雾弥漫，两岸悬崖陡壁，森林茂密，人迹罕至，显得阴森可怕。阙德府来到潭边，突然，离他 6 米远的水中，冒出 2 条生黄毛的手臂，膀子比人的胳臂粗壮，两手均伸出五指，指头也比人的手指长一点、粗一点，指甲长 3 厘米。"水怪"的两条手臂在水中呈半圆形摸抱状，好像在寻找食物，但就是不见它的头部。

当地人认为这种"水怪"不像"野人"，可能是蛤蟆精，是一种水生怪物。长期以来，"水怪"一直生活在这个深

潭中。

在神农架地区，以红河、中峡、太阳坪为中心的区域，是林区最神秘的地带。神农架林区长坊乡、新华乡、朝阳乡三个乡在这里交界。这一带既有几个"水怪"活动的深潭，又有夏天阴风阵阵、寒气袭人的峡谷，有不可逾越的悬崖深壑，有使人不辨东西南北的迷魂墙，有毒蛇密布的蛇山，有虎、豹、金猫、野牛、野马、麝、鹿、独角兽、白熊、白鹿、大鲵、蟒蛇、鸡冠蛇、飞鼠等珍禽异兽。由于这里没有道路，猛兽毒蛇出没其间，进入腹地的人当天不能返回，要冒着生命危险在山林洞穴中过夜，因此一般人都不敢进入。只偶尔有几个采药者、狩猎者结伴而行，单独来此地的人则常常神秘地失踪。据公安人员反映，有些人失踪后，长期没能侦破失踪原因。

听说新华乡石屋头村也有人发现过"水怪"。考察团徒步来到石屋头村，48岁的农民袁作斗详细介绍了他发现"水怪"的情况。袁作斗还是少年时，由他的父亲带领到附近一个叫车斗子岩（又叫窝里坑）的水潭，亲眼看见"水怪"形象与红河怪潭发现的水怪相似。当时这个"水怪"也是用双手在水面作摸抱状活动，也没有看到脑袋。当地群众称之为"癫肚精"（又叫"蟾"），说是癫蛤蟆1000年后修炼成"水怪"，1500年生黑毛，3000年后变红毛，5000年后变白毛。新华乡大岭村45岁的农民周政席与一个30多岁姓姜曲曾专程到车斗子岩看"水怪"，也看到了一个皮毛呈黑色的大型"水怪"。它的五指长达30厘米，粗4厘米，脚趾间有蹼，类似于青蛙腿。

为了探"水怪"，考察团一行近10人冒着生命危险爬过几段悬崖峭壁，好不容易来到车斗子岩。见一座几十米高的悬崖中间，有一个大约长7～8米，宽3～4米的水潭，潭的上下均有瀑布，潭口有一座石壁挡住，使人看不见潭中虚实。由于没有带长梯，也无法接近潭口。据说潭里有深洞，"水怪"就藏在洞穴中，不轻易露面。我们点燃鞭炮，噼噼啪啪的作响声也没有引"水怪"露面。折腾了几个小时，始终见不到"水怪"。陪同的向导说：惊动水怪，当天要下大雨。果然在返回的路上，一阵大雨将大家淋得透湿。是"水怪"的报复吗？考察团不相信，但这个传说太使人惊诧了。

考察团来到新华乡政府，乡司法助理员李孝苏向考察团透露：70年代，他在乡中学当教师，在当地猫儿观村与大岭村交界的深潭中，经常冒出几丈高的水柱，旋转地向上喷，许多中小学生在上学的路上都看见过，胆小的吓得不敢上学。有人说这是"水怪"在喷水。有一次，潭中又冒出几丈高的水柱，有人瞄准水柱放了一枪，水柱立即不见。后来修公路将深潭填平，就再也没有看到水柱。当地一个老人还看见水怪在水中游，样子像"野人"，游得很远，动作迅速，而且追人。

长坊乡洪河妖怪潭与新华乡石屋头村窝里坑发现的"水怪"有着惊人的相

似；两地发现的"水怪"都没有看到头部，都是从水潭中伸出一双像人但又比人大的手，在水面呈摸抱状活动。而新华乡的一些目睹者则说，有的"水怪"头部像巨大蟾蜍的头，有两只很大的圆眼，鼻孔是两个大黑洞，嘴巴很大，身上长有肉疙瘩。每当它浮出水面时，嘴里就喷出水柱，接着冒青烟。尤其奇怪的是，每当"水怪"露出水面活动，天往往要下雨。

"水怪"不仅在新华乡、长坊乡有，而且在东溪乡、下谷乡等地也有发现。考察团于6月中旬来到东溪乡，乡党委秘书刘克轩等说，在当地枣树潭、华江潭、白龙潭中都发现过蛟龙等"水怪"。这条"蛟龙"长达几十米，粗0.5米，黑头白身，尾巴像鱼尾。当时看到这条"蛟龙"的有数百人，曾轰动一时。

尤其值得科技人员重视的是，历史文献中也有关于神农架"水怪"的记载。清同治年间编纂的《房县志》记述："咸丰时（公元1851—1861年），麻湾（即今神农架林区盘水乡麻湾村）山崩，遏其流半日，水溢汪洋，覆田庐无算。水涸，乡人于乌龟峡见一物，头骨大如巨釜，双角节次直理，身首异处，疑为蛟，岩崩所击毙者。"看来，记载的这种蛟类与神农架林区新华乡、东溪乡等地出现"蛟龙"、"蛤蟆龙"等"水怪"相似。

刘民壮回忆，早在1977年，由中国科学院和中共湖北省委等单位组织的"鄂西北奇异动物科学考察队"来神农架林区考察时，在下谷乡，就从当地群众处了解到：在下谷板桥夜漳洞一带，多次发现有脚盆大的癞蛤蟆，重达50千克上下，某地质队潘队长在神农架勘探，就曾亲眼看见。这种特大癞蛤蟆与"野人"、驴头狼引起了教授、专家们极大的兴趣，成为当时爆炸性新闻。

这次刘民壮等来到新华乡石屋头村，村党支部书记田思海也告诉考察团：他曾和其他民工参加修建丁家大水库，在水库工地上，打死一只特大红色癞蛤蟆，有人用秤称了一下，重达20多千克。

这种重达几十千克的特大癞蛤蟆，以及"蛤蟆精"、"蟾"等"水怪"，到底属于什么动物？刘民壮分析：它们可能属于远古残存下来的引龙、蛤蟆龙。他掏出一沓照片和资料，其中就有引龙、蛤蟆龙的化石及复原图片。引龙是古生代石炭纪、二叠纪的块椎目动物，蛤蟆龙是中生代三叠纪的全椎目动物，与神农架林区至今仍生存的大鲵属于同时期的两栖动物。引龙、蛤蟆龙头部大，尾巴短，身躯肥，两眼和嘴巴都很大，这些特征与神农架发现的"癞肚精"、"蟾"等十分吻合。

科学家们早就指出，大约7亿年前，"神农架群"地层开始从海洋中崛起，沧海桑田，几经沉浮，到了1亿多年前的中生代，神农架一带变为陆地，湖泊沼泽星罗棋布，气候温暖湿润，各种恐龙以及许多大型两栖类动物活动频繁。科学家们认为，神农架由于地形独特，气候温暖，加上秦岭山脉为北方屏障，使神农架避免或减少了第三、第四纪冰川的浩劫，从而保存了许多动物活化石，被誉为"第三、四纪生物的避难所"、"活化石的天然宝库"。同时，神农架林区山高壑深，河潭密布，交通长期闭塞，人烟稀少，一直到20世纪五六十年代还处于原始封闭状态，在这里使某些古老大型水生奇异动物或两栖类巨型动物得以繁衍至今，成为珍贵无比的"活化石"是有可能的。一旦揭开了神农架"水怪"之谜，无论对生物学、生态学、生物进化等科学的研究，都具有十分重大的意义。

海怪之谜

据报道，巴西海域曾连续10次出现一只超过30米长的凶猛海怪，袭击渔船的现象，使渔民根本不敢出海捕鱼。目击者说，海怪头部有点像马，估计重量约40吨，在水中划水的速度达30多千米/时。

一艘遭袭击船只的船主回忆说，有一次他正抛锚泊船，突然间，看见离船头不远处的海面冒出一只黑白花纹的长身怪物，向渔船冲过来，船身被撞得猛烈摆动。当他和船员起身要找武器自卫时，海怪则仰天大叫一声，钻进海底消失了。

当日稍后时间，那只海怪又袭来。当时这个船主感到船只忽升忽降，好像遇到风浪一样，原来海怪在他的船底下经过，随后海怪从水中冒出来，围着他的船打转，船主立即将船全速开走，但在3个钟头内，海怪紧紧跟在他的船只后面，一直到渔船接近岸边时，怪物才游回深海中。

在这之后，先后又有10名渔民见过那只怪物。现在巴西的科学家正在设法研究这种动物。

1953年夏，澳大利亚潜水员琼斯在近海水域测试潜水服的性能时，发现大海深处有条漆黑的大海沟。他怕再往下潜有危险，便停止下潜，在大海沟的周围游动、观察海沟里的情况。这时有一条大鲨鱼在距离他只有5米左右的地方游动。突然海水变冷，水温迅速下降。琼斯发现在黑暗的海沟中有个灰墨色的东西从深处向上浮动。此时海水更加寒冷，只见那个灰黑色的怪物缓慢地向上游来。琼斯借助潜水幻光发现那是一个从未见过的庞大的扁状怪物，似乎没有手脚，也没有嘴和眼，竟像是一块光滑的大板。它慢慢地游动着，不时地抖动着身躯，那海水变得更加冰凉了。这时那条大鲨鱼竟像打了麻醉针一样，浮在水中动弹不了。大怪物浮近大鲨鱼轻轻地蹭，鲨鱼立即抽搐起来，完全失去了抵抗能力，被大怪物吞了下去。之后，这个大怪物便向深海游去。科学家们对于大怪物的出现海水能够变冷，大鲨鱼莫名其妙地被吃掉的不解之谜，一直继续考察，但至今未找到答案。

有生命篇
YOU SHENG MING PIAN

奇异、美丽、多姿的自然界，历来是人类追踪探索的主要对象。没错，自然界是有意识的。自然界是人类无声且有意识的的导师。我们将以此揭开自然界的生存根源。旧的观念将土崩瓦解，崭新、科学的方式将用来阐述人类及自然界的理论观念。走进富含生机和活力的有生命世界，探索其背后神奇的谜题。

植物闹钟

林奈是 18 世纪著名的植物学家，他经过多年的对植物开花期的研究之后，把一些开花时间不同的花卉种在自家的大花坛里，制成了一个"报时钟"。只要看看"报时钟"里种植在哪个位置的花开了，大致时间也就知晓了。因为每种花开放的时间基本上是固定的：蛇麻花约在凌晨 3 点开，牵牛花约在 4 点开，野蔷薇约在 5 点开，芍药花约在 7 点开，半枝莲约在 10 点开，鹅鸟花约在 12 点开，万寿菊约在下午 3 点开，

牵牛花

紫茉莉约在下午 5 点开，烟草花约在傍晚 6 点开，丝瓜花约在晚上 7 点开，昙花约在晚上 9 点开。林奈正是根据各种花卉的开花时间而设计"报时钟"的。

就一天而言（在植物花期内），植物的开花时间大体是固定的；就一年来说，植物开始开花（始花），进入花期的月份也是大致不变的。有人把始花期月份不同的 12 种花卉编成歌谣：

一月蜡梅凌寒开，
二月红梅香雪海；
三月迎春报春来，
四月牡丹又吐艳；
五月芍药大又圆，
六月栀子香又白；
七月荷花满池开，
八月凤仙染指盖；
九月桂花吐芬芳，
十月芙蓉千百态；
十一月菊花放异彩，
十二月品红顶寒来。

如果有人在一个适当的地方，把这 12 种花卉按一定的顺序栽种，那么也可以组成一个"报月神"。

为什么各种植物都有自己特定的开花时间，而且固定不变呢？

这是植物在长期的自然选择作用下形成的，以利于植物自己的生存。如在海滨的沙滩上，生活着一种黄棕色硅藻，每当潮水到来之前，它就悄悄地钻进沙底下，以免被猛烈的海潮冲走。当潮水退去时，它又立刻钻了出来，沐浴在阳光下，吸收阳光，进行光合作用。

科学家从细胞、分子水平研究发现，这种现象是由遗传基因控制的，因此可以代代相传，形成一种习性。如果把硅藻装入玻璃缸里，拿回家观察，就会发现：即使已没有潮汐的涨落，可它仍然像生活在海滩时一样，每天周期性地上升和下潜，其时间与海水的涨落时间完全一致。

会"说话"的植物

20 世纪 70 年代，一位澳大利亚科学家发现了一个惊人的现象，那就是当植物遭到严重干旱时，会发出"咔嗒、咔嗒"的声音。后来通过进一步的测量发现，声音是由微小的"输水管震动"产生的。不过，当时科学家还无法解释，这声音是出于偶然，还是由于植物渴望喝水而有意发出的。如果是后者，那可就太令人惊讶了，

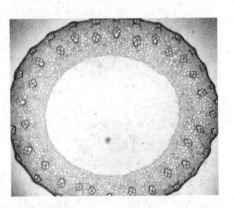

植物茎切片

不久之后，一位英国科学家米切尔，把微型话筒放在植物茎部，倾听它是否发出声音。经过长期测听，他虽然没有得到更多的证据来说明植物确实存在语言，但科学家对植物"语言"的研

究，仍然热情不减。

1980年，美国科学家金斯勒和他的同事，在一个干旱的峡谷里装上遥感装置，用来监听植物生长时发出的电信号。结果他发现，当植物进行光合作用，将养分转换成生长的原料时，就会发出一种信号。了解这种信号是很重要的，因为只要把这些信号译出来，人类就能对农作物生长的每个阶段了如指掌。

金斯勒的研究成果公布后，引起了许多科学家的兴趣。但他们同时又怀疑，这些电信号的"植物语言"，是否能真实而又完整地表达出植物各个生长阶段的情况，它是植物的"语言"吗？

1983年，美国的两位科学家宣称，能代表植物"语言"的也许不是声音或电信号，而是特殊的化学物质。因为他在研究受到害虫袭击的树木时发现，植物会在空中传播化学物质，对周围邻近的树木传递警告信息。

最近，英国科学家罗德和日本科学家岩尾宪三，为了能更彻底地了解植物发出声音的奥秘，特意设计出一台别具一格的"植物活性翻译机"。这种机器只要接上放大器和合成器，就能够直接听到植物的声音。

这两位科学家说，植物的"语言"真是很奇妙，它们的声音常常伴随周围环境的变化而变化。例如有些植物，在黑暗中突然受强光照射时，能发出类似惊讶的声音；当植物遇到变天刮风或缺水时，就会发出低沉、可怕和混乱的声音，仿佛表明它们正在忍受某些痛苦。

在平时，有的植物发出的声音好像口笛在悲鸣，有些却似病人临终前发出的喘息声；而且，还有一些原来叫声难听的植物，当受到适宜的阳光照射或被浇过水以后，声音竟会变得较为动听。

罗德和岩尾宪三充满自信地预测说，这种奇妙机器的出现，不仅在将来可以用作植物对环境污染的反应，以及对植物本身健康状况诊断，而且还有可能使人类进入与植物进行"对话"的阶段。当然，这仅仅是一种美好的设想，目前还有许多科学家不承认有"植物语言"的存在。植物究竟有没有"语言"，看来只有等待今后的进一步研究才能作出答案。

有情绪的植物

植物是否有感情呢？科学家们经过研究发现，植物也有着丰富的感情，并且同人类一样，在成长过程中会受到感情的影响。可是，植物既不会发声，也不会活动，科学家是怎样知道植物的喜怒哀乐的呢？

那是在1966年2月的一天上午，有位名叫巴克斯特的情报专家，正在给庭院的花草浇水，这时他脑子里突然出现了一个古怪的念头，也许是经常与间谍、情报打交道的缘故，他竟异想天开地把测谎仪器的电极绑到一株天南星植物的叶片上，想测试一下水从根部到叶子上升的速度究竟有多快。结果，他惊奇地发现，当水从根部徐徐上升时，测谎仪上显示出的曲线图形，居然与人在激动时测到的曲线图形很相似。

天南星

难道植物也有情绪？如果真的有，那么它又是怎样表达自己的情绪呢？尽管这好像是个异想天开的问题，但巴克斯特却暗暗下决心，通过认真的研究来寻求答案。

巴克斯特做的第一步，就是改装了一台记录测量仪，并把它与植物相互连接起来。接着，他想用火去烧叶子。就在他刚刚划着火柴的一瞬间，记录仪上出现了明显的变化。燃烧的火柴还没有接触到植物，记录仪的指针已剧烈地摆动，甚至超出了记录纸的边缘。显然，这说明植物已产生了强烈的恐惧心理。后来，他又重复多次类似的实验，仅仅用火柴去恐吓植物，但并不真正烧到叶子。结果很有趣，植物好像已渐渐感到，这仅仅是威胁，并不会受到伤害。于是，再用同样的方法就不能使植物感到恐惧了，记录仪上反映出的曲线变得越来越平稳。

后来，巴克斯特又设计了另一个实验。他把几只活海虾丢入沸腾的开水中，这时，植物马上陷入到极度的刺激之中。试验多次，每次都有同样的反应。

实验结果变得越来越不可思议，巴克斯特也越来越感到兴奋。他甚至怀疑实验是否正确严谨。为了排除任何可能的人为干扰，保证实验绝对真实，他用一种新设计的仪器，不按事先规定的时间，自动把海虾投入沸水中，并用精确到1/10秒的记录仪记下结果。巴克斯特在三间房子里各放一株植物，让它们与仪器的电极相连，然后锁上门，不允许任何人进入。第二天，他去看试验结果，发现每当海虾被投入沸水后的6～7秒钟后，植物的活动曲线便急剧上升。根据这些，巴克斯特指出，海虾死亡引起了植物的剧烈曲线反应，这并不是一种偶然现象。几乎可以肯定，植物之间能够有交往，而且，植物和其他生物之间也能发生交往。

巴克斯特的发现引起了植物学界的巨大反响。但有很多人认为这难以令人理解，甚至认为这种研究简直有点荒诞可笑。其中有个坚定的反对者麦克博士，他为了寻找反驳和批评的可靠证据，也做了很多实验。有趣的是，他在得到实验结果后，态度一下子来了个大转变，由怀疑变成了支持。这是因为他在实验中发现，当植物被撕下一片叶子或受伤时，会产生明显的反应。于是，麦克大胆地提出，植物具备心理活动，也就是说，植物会思考，也会体察人的各种感情。他甚至认为，可以按照不同植物的性格和敏感性对植物进行分类，就像心理学家对人进行的分类一样。

人们对植物情感的研究兴趣更趋浓厚了。科学家们开始探索"喜怒哀乐"对植物究竟有多少影响。

不仅如此，植物也爱听音乐。许多科学家通过实验证明了这个问题。

有一位科学家每天早晨都为一种叫加纳菇茅的植物演奏25分钟音乐，然后在显微镜下观察其叶部的原生质流动的情况。结果发现，在奏乐的时候原生质运动得快，音乐一停止即恢复原状。他对含羞草也进行了同样的实验。听到音乐的含羞草，在同样条件下比没有听到音乐的含羞草高1.5倍，而且叶和刺长得满满的。

其他科学家们在实验过程中还发现一个有趣的现象：植物喜欢听古典音乐，而对爵士音乐却不太喜欢。美国科学家史密斯对着大豆播放"蓝色狂想曲"音乐，20天后，每天听音乐的大豆苗重量要比未听音乐的大豆高出1/4。

看来，植物的确有活跃的"精神生活"，轻松的音乐能使植物感到快乐，促使它们茁壮成长。相反，喧闹的噪音会引起植物的烦恼，生长速度减慢，有些"精神脆弱"的植物，在严重的噪音袭击下，甚至枯萎死去。

在现代社会中，许多因素会使人神经紧张，比如忙碌、噪声、考试等等。科学家们发现，植物同样也会因生命受到威胁而紧张。植物在紧张时，会释放出一种名为"乙烯"的气体。植物越紧张，释放出的乙烯也就越多。人对这种气体是感觉不到的。美国科学家设计出了一种"气相层析仪"，可以测出植物紧张时释放出的极少量的乙烯。

研究人员利用"气相层析仪"进行测量发现，当空气严重污染、空气湿度太大或太小、火山喷发、动物啃吃植物的树叶或大量昆虫蚕食植物时，植物都会紧张，释放出乙烯气体。

科学家们还发现，经常受到威胁而紧张的植物，它们的生长速度会因受影响而减慢，甚至会枯萎。

使用"气相层析仪"监视植物发生紧张的频繁程度和紧张的强烈程度，可以使种植者及时找出令植物紧张的原因，设法消除使植物紧张的因素。这样，就可以大大增加收获量。

前苏联科学家维克多做过一个有趣的实验。

他先用催眠术控制一个人的感情，并在附近放上一盆植物，然后用一个脑电仪，把人的手与植物叶子连接起来。当所有准备工作就绪后，维克多开始说话，说一些愉快或不愉快的事，让接受试验的人感到高兴或悲伤。这时，有趣的现象出现了。植物和人不仅在脑电仪上产生了类似的图像反应，更使人惊奇的是，当试验者高兴时，植物便竖起叶子，舞动花瓣。当维克多在描述冬天寒冷，使试验者浑身发抖时，植物的叶片也会瑟瑟发抖。如果试验者感情变化为悲伤，植物也出现相应的变化，浑身的叶片会沮丧地垂下"头"。

尽管有以上众多的实验依据，但关于植物有没有情感的探讨和研究，迄今还没有得到所有科学家们的肯定。不过在今天，不管是有人支持还是有人反对、怀疑,这项研究已成为一门新兴的学科——植物心理学。在这门崭新的学科中,有无数值得深入了解的未知之谜,等待着人们去探索、揭晓。

出"血"的植物

植物也有血液。在世界上许多地方,都发现了洒"鲜血"和流"血"的树。

鸡血藤

我国南方山林的灌木丛中,生长着一种常绿的藤状植物——鸡血藤,总是攀援缠绕在其他树木上。每到夏季,便开出玫瑰色的美丽花朵。当人们用刀子把藤条割断时,就会发现,流出的液汁先是红棕色,然后慢慢变成鲜红色,跟鸡血一样,所以叫"鸡血藤"。经过化

学分析,发现这种"血液"里含有鞣质、还原性糖和树质等物质,可供药用,有散气、祛痛、活血等功用。它的茎皮纤维可制造人造棉、纸张、绳索等,茎叶还可做灭虫的农药。

南也门的索科特拉岛,是世界上最奇异的地方,尤其是岛上的植物,更是吸引了世界各地的植物学家。据统计,岛上约有200种植物是世界上任何地方都没有的,其中之一就是"龙血树"。它分泌出一种像血液一样的红色树脂,这种树脂被广泛用于医学和美容。这种树主要生长在这个岛的山区。关于这种树,在当地还流传着一种传说,说是在很久以前,一条大龙同这里的大象发生了战斗,结果龙受了伤,流出了鲜血,血洒在这种树上,树就有了红色的"血液"。

英国威尔士有一座公元6世纪建成的古建筑物,它的前院耸立着一株已有700年历史的杉树。这株树高7米多,它有一种奇怪的现象,长年累月流着一种像血液一样的液体,这种液体是从这株树的一条2米多长的天然裂缝中流出来的。这种奇异的现象,每年都吸引着数以万计的游客。这棵杉树为什么流"血",引起了科学家们的注意。美国华盛顿国家植物园的高级研究员特利教授对这棵树进行了深入研究,也没找到流"血"的原因。

会流"血"的植物,流出的真是血吗?不是血液又是什么?这些都有待进一步研究。

说来有趣,关于植物的血型,竟是

日本一位搞警察工作的人发现的。他的名字叫山本，是日本科学警察研究所法医、第二研究室主任。他是在 1984 年 5 月 12 日宣布这一发现的。

植物的血型，是在偶然一次机会中发现的。一次，有位日本妇女夜间在她的居室死去，警察赶到现场，一时还无法确定是自杀还是他杀，便进行血迹化验。经化验死者的血型为 O 型，可枕头上的血迹为 AB 型，于是便怀疑是他杀。可后来一直未找到凶手作案的其他佐证。这时候有人提出，枕头里的荞麦皮会不会是 AB 型呢？这句话提醒了山本，他便取来荞麦皮进行化验，果然发现荞麦皮是 AB 型。

这件事引起了轰动，促进了山本对植物血型的研究。他先后对 500 多种植物的果实和种子进行观察，并研究了它们的血型，发现苹果、草莓、南瓜、山茶、辛夷等 60 种植物是 O 型，珊瑚树等 24 种植物是 B 型，葡萄、李子、荞麦、单叶枫等是 AB 型，但没找到 A 型的植物。

根据对植物界血型的分析，山本认为，当糖链合成达到一定的长度时，它的尖端就会形成血型物质，然后合成就停止了。也就是说血型物质起了一种信号的作用。正是在这时候，才检验出了植物的血型。山本发现，植物的血型物质除了担任植物能量的贮藏物外，由于本身黏性大，似乎还担负着保护植物体的任务。

人类血型，是指血液中红血球细胞膜表面分子结构的型别。植物有体液循环，植物体液也担负着运输养料、排出废物的任务，体液细胞膜表面也有不同分子结构的型别，这就是植物也有血型的秘密所在。

但植物体内的血型物质是怎样形成的，至今还没有弄清其原因。植物血型对植物生理、生殖及遗传方面的影响，也还都没有弄明白。

"香魂附体"

民间传说楠木树有"魂魄"。当它被活活砍倒时，那"香魂"就出来作祟，使树体立即开裂——这就是所谓楠木"香魂附体"的"怪事"！

这种珍贵的树木的确有这么个古怪的脾气——如果将一棵活生生的楠木立即砍倒，那么，在它倒地的一刹那间，本来好端端的大树，就会变成一株纵向开裂的碎木。如果你用刚伐倒的鲜楠去锯板，板子就会变成七断八裂碎块！这样的怪事常常发生。因此，在楠木产区流传着这样一句民谚："伐楠若用外行人，斗大楠木成泡影。"那么，内行人为什么能完好无损地取得楠木呢？那是因为他们掌握了楠木"香魂"的秘密。

正如许多外国朋友所说："楠木是中国的国宝"。它树干挺拔，树叶四季长青。每年春上，陈叶渐落，新叶相继，在华盖似的巨冠上，新陈相间，翠绿交替，绚丽多姿。

它以优良耐腐的树质著称于世。在北京西郊的十三陵的地下宫殿里，就有

楠木树

二人合抱粗的楠木栋柱。虽然历时七八百年，却顶住了地下的潮湿和有毒致腐气体如二氧化硫、二氧化碳的侵蚀，至今完好无损。如用手敲叩，还会发出清脆的"咚咚"响声。

如果把楠锯成板材，我们就可以看出：它的木质结构非常细腻，纹理稍有交错而不紊乱。木材质地光洁平滑，异常美观。板材干燥后，它的颜色往往是淡黄中略带浅绿，一经刨光，香气袭人。

楠木——是特等建筑和上等家具的优良用材，用它制作的箱、桌、床、椅、茶几、立柜等家具，在国际市场上是名贵的"超级商品"。随着现代科学技术的发展，它更是身价百倍——不仅用作高级的木模，还用它制作精密仪器、仪器箱、仪器架等。如果用它来做胶合板面、木胎、漆器，那更是理想的材料。然而，这一切都取决于，必须取得干燥而完整的楠木材料。

那么，究竟如何取得完整而又干燥的楠木材呢？楠木真有"香魂"在作祟吗？

我们知道：树木从根系吸收的水分与养料，是由木质部的输导组织向上输送的。这种输送的本领十分惊人——一直从地下将水与养料送上数十丈高的叶面。这种能力可归纳为如下 3 种因素：①水分子与水分子之间有一个引力存在，它们手拉似地形成一条条长长的"水链"。②树木的根部存在着一个根压，这个根压好像抽水机的"泵"一样，将这些水分子"泵"向上方的叶面。③叶面不断蒸腾水分，当水分子从气孔里"冒"出去的时候，还要"拉"着别的水分子一同"挤"出去。

这样一牵、一压、一拉，这条水分供应线就自下而上，川流不息地运转起来。

此外，还有一条运输线分布在楠木韧皮部。从叶面光合"机器"中加工出来的养分，通过这条运输线自上而下地运送到枝、干、根的各个部分。

由于大量的汁液在楠木体内运转，这些液汁分子间的你挤我压，对树木本身产生了一个很大的压强。比喻说一桶水吧，除了水桶底板上承受压力外，桶的壁上也同样受到一定的压力。当这桶水处于静立状态时，水桶壁上的那个箍将桶壁牢牢地紧箍着，箍着的力量正好与水对桶壁的压力处于平衡，于是桶壁就不会开裂。这个道理刚好与生长着的楠木相似，一旦楠木被砍倒，尤其在树倒地的一刹那，由于剧烈的振动，这种平衡就会被打破。于是，楠木的木质部和韧皮部的输导组织纵向裂开——所谓楠木"香魂附体"的奥妙就在这里。

因此，有经验的林业工人，在砍伐楠木之前，事先要在楠木基部剥掉一圈树皮，剥皮的宽度控制在1米左右，这样，就能使楠木在1年或半年内活活枯死，从而减少了树体内水分的含量。然后再来伐倒它，这就可以避免开裂的现象。

用这个"站着死"的办法伐倒楠木，就确保了楠木的木材质量。即使锯成板材或方料，它都始终如一，不会开裂与变形。

黑色郁金香

郁金香是世界著名的球根花卉，属百合科。花茎从叶丛中伸出，刚劲挺拔，顶端生着花朵，像荷花一样，亭亭玉立，因此也叫旱荷花。又像一个个五颜六色的高脚酒杯，十分诱人。

郁金香的故乡是斯里兰卡。1555年

郁金香

被引入土耳其。郁金香这个名字就是来自土耳其语"土耳班"，意思是"土耳其帽"。1562年，荷兰商人皮姆把郁金香带到荷兰。在那里，郁金香的栽培得到了很大的发展，几个世纪内，历久不衰，为荷兰换取了大量外汇。荷兰人为培育稀有的郁金香品种，不惜花费大量的本钱。直到现在，作为荷兰国花的郁金香仍在世界享有盛名，售价昂贵。

17世纪末，在荷兰南部的一座美丽的小城多德勒喜特，住着一个年轻的博物学家，叫高乃里乌斯·旺·拜尔勒。他喜爱花草，搜集了各地的植物，把植物的茎切下来，研究它的解剖特征，并绘制成图案。他制作了许多植物标本。同时，他也搜集昆虫，例如蝴蝶的标本。但是他的最大兴趣还是培育郁金香。他在东方各国买了一些稀有的山慈姑——和郁金香有亲缘关系的植物，加以特殊的照料，并使它们互相杂交，培育了4种珍贵的郁金香品种。这些品种和以前的那些只有一种颜色的品种不同，它们有的是灰色和玫瑰红混在一起，有的在一朵花上既有黄色又有红色。

1672 年，哈雷姆的郁金香爱好者协会宣布，谁要能培育出黑色郁金香，就可以得到 10 万盾的奖金，但这株黑色郁金香必须像碳一样的纯黑，没有一点杂色。尽管这是一笔很大数目的奖金，但很多人却认为那是无法得到的，因为当时连褐色的甚至深红色的郁金香还没有看见过呢！那么怎么可能培植出纯黑的郁金香呢？

旺·拜尔勒决定试试看。

由于他苦心钻研和辛勤劳动，不久他就培植出了一种深褐色的郁金香，迈出了通向成功的第一步。1673 年春天，他得到了 3 个纯净、乌黑的球根。他相信，下一年春天，每一粒球根就将开出一朵黝黑的郁金香来。但是，在这时发生了一件意外的事，他被控犯有叛国罪。在逮捕的那天，他把生活中最珍贵的这三颗黑色球根带在身边，想同它们死在一起。法院宽恕了这个不知疲倦的探索者，没有判他死刑，而是将他流放到洛维斯坦，在那他将被监禁终身。

在狱中，他认识了看守的女儿——罗莎·格列福斯。他们相爱了。他请求罗莎在下一年的 4 月把它们栽上。罗莎克服了许多困难，精心培植。一天黑夜，罗莎来到了牢房，告诉他："花开了，像炭一样黑。"说着拿出了她栽培的黑色郁金香。只见那花，美丽而端庄，娇艳而不乏矜持。花瓣又宽又长，像炭一样黑，没有一点杂色。

黑色郁金香培育成功了。不久，拜尔勒的冤案也得到了平反，他从监牢中被放出来。

每年的 5 月 15 日，是荷兰的郁金香节。1673 年的这一天，哈雷姆——这个鲜花和绿树的城市，格外显得美丽。居民倾城出动，聚集在宽阔的广场上，庆祝这个节日。也就在这一天。当时荷兰的最高统治者奥兰治亲王，当众把 10 万荷兰盾的奖金授予罗莎，作为对她的爱情和勇敢精神的奖赏，并主持了罗莎和拜尔勒的婚礼。宣布旺·拜尔勒是荷兰杰出的郁金香培植家。把他培植的黑色郁金香命名为"罗莎—拜尔勒郁金香"。

除了著名的黑色郁金香外，荷兰人还培植了另外一些奇异的郁金香，这些花有五光十色的细纹，不拘一形的彩斑。到了 1675 年，许多荷兰养花者都学会了这种嫁接方法，得到了大量的带有细纹和彩斑的花朵。

有趣的是，当时的拜尔勒和其他荷兰养花者，以及后来 200 多年中的每一个人，谁也不知道，荷兰人所培育的各种奇异的郁金香其实是一种传染病。拜尔勒的黑色郁金香也是一种传染病特征，它是山慈姑带给它的。1928 年，英国学者凯里和美国学者马克·凯姆确定，这些郁金香的细纹和彩斑是最微小的生物——病毒是通过嫁接而感染造成的。

虽然，郁金香栽培的这段历史故事已经结束了，但是它却告诉我们：病毒，未必就是有害的，黑色郁金香就是一个极好的例子。

植物的预测

把《红楼梦》誉为一部综合性的"百科全书",实在是很贴切。书中第九十四回,写了发生在大观园内的一件怪事:怡红院中,那些本该在3月开花的海棠树,在花木凋零的11月,却突然开满了鲜花。

这一怪现象轰动了整个大观园,面对盛开的海棠,众说纷纭。有人说,恰逢季节迟了些,虽是11月,暖和得很,温度是催发开花的主要原因;有人说,贾宝玉在认真读书了,这海棠莫不是报喜的?尽管是瞎猜,因为说的是恭维话,倒也让人心里满意。聪明过人的探春不言不语,心里却想:"必非好兆,大凡顺者昌,逆者亡;草木知运,不时而发,必是妖孽。"大观园内还有一位聪明人凤姐,她抱病卧床不能前来凑热闹,但却暗地使人送来红绸两匹,让给海棠披挂上,以冲冲邪气。

艺术作品中的细节描写是为主题服务的,海棠花开得不合时宜之后不久,主人翁贾宝玉无由地丢失了"命根子"——"通灵宝玉"。大观园乃至整个封建家族开始走向衰落。

现实生活中,植物是不是真的具有这种能预测"天灾人祸"的超能力呢?如果有的话,它又是如何获得这不同寻常的能力的呢?

让我们轻轻地揭开"先知"的面纱,看看能否看清它的"庐山真面目"。

植物究竟具不具备预知"天灾人祸"的能力呢?虽说预知"人祸"的超能力大多在文学作品中才能看到,现实中却不多见。但植物预知"天灾"的本领却常见于报端,有相当多的科学家面对这一有趣的问题,进行了大量的观察和研究。

有人发现含羞草能预知地震的发生。含羞草的叶子排列整齐、对称,轻轻地触动一下它的叶尖,整个叶子都迅速合起来,真像低眉顺目、含羞自持的少女一般。通常情况下,含羞草的叶片是白天打开,夜晚闭合。日出前30分钟舒展枝叶,日落30分钟后,枝叶收拢,非常规律。假如一反常规:白天闭合,夜晚舒展,则表示大自然将发生变异,这种变异很可能是地震发生的前兆。有人观察到,如果周围60千米的范围内将发生大地震时,约40分钟前,含羞草会发生行为改变,会在白天将叶子闭合起来。

含羞草不仅能预知地震,面临台风、低气压的逼近、雷雨的袭击、火山爆发等等,它都会发生变化。

含羞草

一些树木也有这样奇异的超能力。1976年，唐山发生7.8级大地震，在地震来临之前，蓟县穿芳峪一个地方的柳树，在枝条前部20厘米处，出现枝枯叶黄的现象。人们发现，当树木出现重花（二次开花）重果（结二次果）或者突然枯萎死亡等异常情况，那么很可能是地震将要发生了。

科学家们观察到，地震发生前，许多植物的生物电位会发生变化。1983年5月26日，日本秋田发生7.6级地震。震前20小时左右，日本观测点上的合欢树生物电位开始激烈地上下波动；震前10小时，又平静下来；震前6小时，再次异常。地震之后，异常消失。除了合欢树以外，还有一些植物能产生与合欢树一样的生物电位变化，像桑树、女贞、凤凰木、漆树等等。

印度尼西亚的爪哇岛上，有一种植物，人们称它为"地震花"，可能是属于樱花草一类的植物，它们生长在火山坡上，火山爆发之前，便会开花。岛上的居民把这种植物当做观测装置，只要发现它开花了，马上就要作出应急准备，采取应付火山爆发的措施。

还有一些可以预报天气变化的植物，干旱、大雨、阴天、晴天都可以预报。

广西忻城县马泗，有一棵150岁的青岗树，人们可以根据它叶子的颜色变化获知天气情况。在一般晴天，树叶呈深绿色；天将下雨，树叶变成红色；雨后转晴，树叶又变成深绿色。

一种叫做蹰躇花的植物，如果盛开，则第二天准是大晴天；如果花显得"没精打采"，那么第二天很可能是坏天气。

还有人观察到，如果玉米根长得结实，南瓜藤长得特别多，榧树叶特别茂盛，那么，这一年很可能有台风来袭。

南瓜藤

关于植物能预测天气、环境异常变化的例子很多，有的是在一定的条件下发生的，离开这一条件，可能就发生不了。有的虽然出现了异常变化，但导致变化的原因或许是多种多样的。这是一个相当复杂的事情，就拿重花重果为例，有时气候变化以及病虫害的侵蚀，同样会产生重花重果。所以，在作判断的时候，还要运用分析方法，借鉴其他方面的观测依据，不能仅凭某一现象的出现就下结论。

正因为存在着复杂性，给科学研究带来了一系列待解之谜，一旦把植物预知大灾难的超能力之谜揭开，那么将在人与自然的斗争中，树立起一座划时代的里程碑！

随着工业化程度的提高，世界都不

同程度地面临一个重要的、严峻的问题——环境保护。大量的废气排放于大气中，大量的污水涌入江河湖海里，人类自己给自己营造了一个看不见的敌对阵营。环境污染问题引起了世界各国政府的重视，每年花于治理的费用惊人，更不用说投入的人力、物力了。

在动用大量资金治理"三废"带来的恶果时，人们还利用各种手段进行监测，把一些指标控制在最低限度之下，以防陷入旧问题未根除、新问题又产生的恶性循环中。

科学技术的发展，为环境监测提供了有效的手段。科学家们发现，这些为人类造福的手段中，也包括了植物。

植物具有监测环境的超能力，是大气污染的报警器。

植物既无仪表，又无警笛，何以成为环境监测的工具呢？

其实，在某些特定的情况下，植物的监测能力比人造的器械还要灵敏呢。

据说在南京一工厂附近种植了很多雪松。雪松树姿优美、常年碧绿，深受人们喜爱。一年春天，正当雪松萌发新枝的时候，针叶却发黄、枯焦。这是怎么回事呢？谁是"谋害"雪松的"凶手"？后来查明，让雪松受害的是两种有害气体：二氧化硫和氟化氢。刚好，附近工厂里常常会放出这两种气体，雪松对它们特别敏感。后来，人们只要看见雪松"犯病"了，一对号，发现是同一种"症状"，就知道在它周围的大气中含有二氧化硫或氟化氢。

植物对于有害气体的预报，往往采取一种富于牺牲精神的表达方式。它不会拉警笛，更不知道亮红灯，而是以自己的枝叶伤势做出无声的呼唤，呼唤人们警惕来自身边的毒害，呼唤人们赶紧采取措施，否则人也会同它们一样伤痕累累。

不同的植物对于不同的气体污染，所产生的反应也不一样。虽然多数是从叶片发生"症状"开始，但"症状"的形态、位置却大不一样。有经验的科研工作者，只要根据植物叶片伤斑的位置、形状，就可以大致知道导致污染的来源是什么、程度如何。由于它们的灵敏度很强，很有典型意义，一旦发现，便给环境保护提供了极好的依据。

谁都知道，植物是容易着火的。几千年来，从钻木取火延续到今天，柴薪做饭取暖是人们生活的重要组成部分。尽管现在许多城市已经使用液化气、电作为生活能源，但还有一大部分离不开柴薪。

冬 青

在与柴薪打了几千年的交道之后，人们知道了哪些植物容易着火，于是这些植物常常用作引火，像松枝、柳杉等含树脂多的植物，自然比含水分多的植物容易产生火焰。如果单从取火的用途来选择植物，有经验的人会避开那些燃烧时不容易产生火焰的植物。

实际上，燃烧时不易产生火焰的植物，就是可以防火的。像常绿树珊瑚树、女贞、冬青等，阔叶树银杏、白

白　杨

杨、臭椿等几十种树木，都被认为具有防火能力。其中最优秀的要算珊瑚树，它的防火能力最为显著，哪怕所有的叶子全被烧焦也不会产生火焰。

"植物会说话吗？"提出这样的问题，从常理看来，简直是很可笑的。是呀，从古到今，只有神话故事中，才有

植物可以说话的事儿发生，现实生活中，树木是没有说话能力的。

可是，在美国华盛顿大学有两位科学家发现了这样一件怪事情：

为了做一项实验，两名研究者选择了华盛顿州西特尔城附近的一片树林。他们曾经发现，在这片树林的柳树和桤木上，凡是经过一些捕食性动物（如某些毛虫）侵袭的树叶，就会发生营养质地的变化。那么这种营养质地的变化程度如何呢？正是两位研究者要知道的问题。因为他们已经获得了其他一些植物在昆虫侵袭之后的变化情况，例如藿香蓟，它的组织内含有使捕食性动物变态的化学物质，一旦介壳虫、蚜虫侵袭了它，这些虫类反而在化学物质的影响下变态，从而不能产卵。

实验开始时，两位研究者将几百条毛虫放在树上，然后观察这些树木如何调节机制来抵御毛虫的袭击。不久，他们就发现树木有了反应，散发出属于生物碱或萜烯化合物一类的化学物质。这些化学物质散布在树叶间，很难被昆虫消化。

就在这时，两位研究者意外地发现了另一奇怪的现象：大约在30～40米远的另一片树林里，同样散发出了防御状态的化学物质，这是一片并没有放置毛虫的树林，而且又隔着一段距离，它们是怎样获得了"注意危险"的警告信号呢？美国的学者大为惊讶。

他们觉得，肯定是那些受毛虫侵袭的树木把信息"通知"了那片本来宁静的树林，要它们加强预防。可是它们是

毛 虫

怎样"通知"的？通过什么形式？而对方如何接收又怎样作出防御的反应？

这一发现，导致出一系列难解之谜，引出了新的困惑，动摇了传统的、固有的观念。人们对植物的能力有了进一步的认识：它们不是不会说话，而是用它们自己的方法来"说话"，来沟通它们的世界，传递它们的信息。一些科学家认为，现在远不是下结论的时候，更有说服力的解释有待于大量地实验之后才能作出。

关于植物的超能力，已经广泛地引起了世界上许多人的注意，有人通过自己或者别人的观察、研究，试图作一些解释，但是这些解释是不是很完整、很确切呢？

比如说，植物到底有没有神经？一部分人认为植物是没有神经的。它们根本就没有神经细胞，更谈不上神经纤维和神经中枢，不能用动物的生存模式来解释植物。而有些学者则认为，植物的敏感度有时强于动物，它们不仅有神经，而且植物的神经与动物的神经没有

本质上的差别。

还有人认为，植物之所以具有感应月球和地磁的超能力，是因为植物拥有交流信息的"天线"装置，植物的刺或毛是一种导波管，类似"天线"的作用。由于有这些导波管，植物便可以感应可见光、红外线或微波光线，可以敏锐地感应化学物质、气味，还能接受压力、空气电离子、温度、湿度等等，因而使得植物拥有了特殊的超能力，能与人类、星球或原始星云作信息交流。

科学家们的观点、假设为人类探索自然之谜拓开了思路。从中我们可以看到地球植物所蕴藏着的奥秘和潜力是不容忽视的，那么等待着我们的又是什么呢？是更加艰难的努力探索。

植物界的巨人与侏儒

世界上最大的种子看来像硕大无朋的椰子，千百年来，人们一直以为它们是从海里来的。浪涛把它们冲上印度洋沿岸，因此，把它们拣拾起来的人就把它们叫做海椰。

这些海椰比椰子大 2～3 倍，自从塞舌尔群岛在 18 世纪中叶被发现以后，才知道它们是树上长出来的，这种棕榈只在塞舌尔群岛才有。

东方的帝王和统治者以为这些种子可以解毒，历来都千方百计寻找它。

美国加州"大树"是世界上最大的树。它的学名叫赤杉，台湾俗称"世界爷"。相信它可以活 3000 年之久，也是

世界上最巨大的生物。

　　"大树"长在内华达山脉西面斜坡2000多米间的树丛里。加州赤杉国立公园的"谢尔曼将军"树，高80多米，树干下端圆周30多米，估计重量达2145吨。

　　有人说历来"最高树"的头衔应颁给1940年在加拿大英属哥伦比亚砍倒的一株花旗松，据说这株树高度是139米。

　　当今非赤杉属最扁的树，也是一株花竣松，长在华盛顿州的奎那耳特湖公园山上，高度是100多米。

　　1770年，西西里岛埃得拉山边发现一株栗树，名为"百驹之栗"，树干圆周是70米。

　　这些大树的种子都很小，每粒重量只有18.66克。

　　最小的植物，是肉眼见不到的水藻和细菌，几乎到处都有。

　　水藻生在动物身体表面、泥土里、温泉里、海水和淡水里，甚至积雪里也有。

　　细菌数量更多，在人体内就可以找到，它们吃细胞或自相残杀。它们的体积很小，针尖那么大的地方，就足够2500万个细菌住得舒舒服服。

　　还有些叫做病毒的东西，惯把细菌当大餐，体积更小。可是从科学观点上说，病毒应否列为生物，实在很难说。

　　病毒要进入别的生物细胞内才能生存。它的体积太小了，容不下足以维持生命的化学物质，只好靠寄生细胞内摄取化学物质而生存。

　　病毒体形极小，几百个病毒可以生活在最细小的一个浮游生物里。

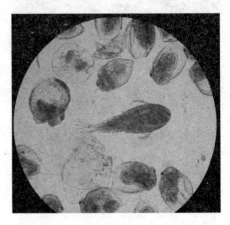

浮游生物

　　浮游生物浮生在淡水或海水的水面上，本身也很小，500个浮游生物排列起来也不过只有1米。

　　浮游生物尽管很小，有些却美丽绝伦。其中有一种钙盘藻类的小植物，裹着有精致图案的白垩外壳。它们是属于世界上最小的植物类，与加州的大树分占生物界最大和最小两个极端。

跳舞的树

　　我国西双版纳勐腊县尚勇公社附近的原始森林里，有一棵会跳舞的小树。

　　会跳舞的小树跳舞本领很高，如果在它的旁边播放音乐，树身便会随着音乐节奏摇曳摆动，翩翩起舞。特别令人惊奇的是，如果播放轻音乐或抒情歌曲，小树的舞蹈动作便明显地加强。音乐越优美动听，小树的动作就越婀娜多姿。如果播放强烈的进行曲或嘈杂的音乐，小树反而会"生气"不舞了。因此，当地群众给它起了个名字叫做"风流树"。现在，这棵"风流树"已移栽在勐腊县广播站的院子里了。

花世界的最大与最小

巴西有一种名叫水蚤萍的浮萍所开的花是世界最小的花，水蚤萍也是世界上最小的显花植物，其花朵尺寸仅及萍的1/2。

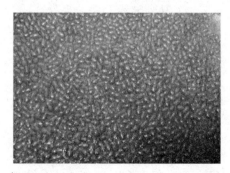

水蚤萍

最先发现这种小植物的是法国博物学家韦第尔，他在一种淡水生长的大王莲的叶间发现它们，这种睡莲是最大的显花植物，以维多利亚女王及睡莲生长的亚马孙河为名，生长极速。巨叶从萌芽生长时起到宽约合7.62厘米，只消6天时间。

大王花是世界最大的花，是把发现它的赖菲尔斯爵士和阿诺德两人的名字

大王花

放在一起做它的学名。这种植物寄生于婆罗洲、马来半岛和其他东南亚地区阴暗森林中野生藤蔓的根上。它本身可以说既没有根，又没有叶和茎。花朵像椰菜花心，有时一朵重达7千克。

大王花发出腐肉的臭味，令人作呕。但与最恶臭难闻的热带巨大的野芋花相比，还算小巫见大巫。植物花朵发出恶臭的作用是吸引逐臭的昆虫替它传播花粉。

奇异鱼

相信在1万米深的海底会有鱼类生存吗？在1千米深井中会有鱼儿在游吗？也许你会说说：海底、井底没有氧气，压力极强，它们不可能在这种环境中生活。

然而这一切都是真的。

1949年前苏联科学家考察船"比恰基"号开始了1万米深的海底探查，这是有史以来人类的技术力量第一次伸向如此之深度。很多著名的深海探险家、

科学家纷纷指责这一行动，因为他们认为在 1500 米以下的海洋层中不可能有生物存在。可是 1 年后，当"比恰基"号的深海拖网把几十种活生生的不为科学家所知晓的鱼倾泻在甲板上的时候，他们的"预言"彻底破产了。

这些鱼在如此深的海底生活，而且几乎都是奇形怪状的。其中一种没有鳞，眼睛比别针针头还小，被命名为泼塞特利巴斯。

更为奇异的是在 20 世纪 70 年代初，在一口 1000 米的深井中发现了鱼，它们被命名为"地下生物"。经过考察证实"地下生物"生活在地下的河或湖中。它们由这些河湖中进入水井。可是地下不是任何鱼类都不能生存的环境吗？"地下生物"却为什么能在地下繁衍不止？

众所周知：鱼不能在超过 30℃的水温中生活，也不能在结冰的冰水中维持多少时间。可是违背"常识"的现象又出现了。

美国加利福尼亚温泉中突然发现了活蹦乱跳的鱼，它们在水中自由游弋，令人喜爱。可是这个温泉的水温竟在 50℃！50℃对人来说也是很烫的了，可是这些后来被命名为"热水鱼"的生物却毫无反应。有人认为"热水鱼"身上有"解热腺体"，也有人认为它们外皮有"隔热黏液"等等。但这都是假说，其谜底至今也未揭开。

无独有偶，就在"热水鱼"发现不久，科学家们在南极冰川的冰水中发现了"冰水鱼"，这也是 20 世纪的事。这些"冰水鱼"的血液中没有血红蛋白和红细胞，它们的血是白色的（准确地说是和南极的冰块一样透明无色的）。血红蛋白和红细胞都负有结合、运载氧气供给肌体组织的使命。冰水鱼没有这些重要的血成分，难道不需要氧气？可是实验表明：它们生活却离不开氧气。那么，它们靠什么来运输氧气呢？"白血"到底是什么呢？

第一条"白血"鱼发现于 1956 年，目前，已发现了几十种含有白色血液的鱼，这些谜至今仍困扰着生物学家们。

奥加斯德·拉伯是个法国人，他经商破产后便离开了欧洲。几年后，他又回到家乡，短短几个月的时间，便大发横财，成了一位"家有万贯"的富翁。

拉伯之所以发财，完全是鱼的缘故。他看到欧洲盛行养殖兰花。为了牟取暴利，他便离开欧洲，到国外寻找美丽的兰花。中途他风闻美洲有宝石矿，于是又改变主意，折道美洲寻找宝石。在深入美洲腹地时得了重病，不得不在一个小村落里治疗，结果他在这里发现了一种异常之小、惊人之美的鱼。这种鱼就像巴黎街头的霓虹灯一样色彩缤纷，耀人眼目。拉伯立刻醒悟到这种鱼会比宝石和兰花给他带来更多的金钱。于是他千辛万苦地把上千条这种鱼带回巴黎。

拉伯没有搞错，"霓虹"使他成功的发了大财。拉伯一直保密，过了很久，才把这个秘密说出，于是人们蜂拥到那个小村庄去了。

问题是漂亮的鱼为什么都如此之小？"霓虹"鱼长在1～2厘米之间；还有1932年发现的"机要官鱼"（蓝和红是英国机要官斗篷的颜色，而这种鱼通体蓝色而又红鳞，故名）大小也在2～3厘米之间；而最近在菲律宾群岛发现的巴尼达卡鱼，也非常美丽，大小竟在1厘米以下，它是目前已知的最小的脊椎动物了。

漂亮而小，这是为什么？拉伯给我们带来的这个谜也正在被探讨之中……

燕鸥猝死谜团

燕　鸥

在太平洋中部圣诞岛附近的海面上突然漂起无数的死燕鸥，一些尚未死去的也拍打着翅膀，直泅海底，"自愿"溺死。据不完全统计，死亡的足有1700万只，这是鸟类生态史上一次最严重的灾难。对于燕鸥猝死的缘由，科学家一时也搞不清楚，有人认定是疾病的原因，也有人认为是石油污染所致，还有人说是奇怪的鸟类集体自杀，众说纷纭，莫衷一是。

美国洛杉矶自然历史博物馆的鸟类学家经过深入的调查研究，在圣诞岛上找到了燕鸥的遗骸，奇怪的是在岛上的尸体全部是雏鸟，而成年的燕鸥则只有在海底才找到。通过解剖，专家们发现，无论是海上还是岛上的尸体，它们的胃肠内均空洞无物，显然它们是被活

活饿死的。那么，燕鸥为什么又寻觅不到食物呢？鸟类学家于是对这里的气候、水文、生态作了详细的调查，终于真相大白：原来这一带海面上的风向与海水的水流刚好相反，风向与水流的逆向造成海里的鱼类无法生存，大部分迅速潜逃，一些逃不掉的也随之而死，海上的浮游生物也无法生长。这种逆向现象往往持续3～8年，因此，燕鸥遇到这种情况便束手无策。它们先在附近寻觅食物，接着又飞到茫茫的大海上，但由于这种逆向现象范围相当之广，所以燕鸥始终无法寻觅到食物而被活活饿死。雏燕鸥由于还未具备外出寻食的本领，故死于岛上；成年的燕鸥为了养活雏燕，最后葬身于大海。

叶毒蛙

在南美洲一片沼泽林中，一支以马尔塔为队长的前苏联探险队，被派到这里来考察。他们来到这里的目的就是捕捉一种蛙——叶毒蛙。

叶毒蛙是两栖动物丛蛙科的一种蛙，分布在南美洲哥伦比亚等地。在那里，有茂密的森林和辽阔的沼泽，气候潮湿，阴霾多雨。这样的栖息环境对叶毒蛙来说是再好不过了。

这种蛙面目丑陋，身体很小，体重只有1克多，然而这种小得可怜的动物却被称为"剧毒恶魔的化身"。只要1/100000克毒液就足以使一个人在几秒钟内丧命。它的毒性是眼镜蛇毒性的50倍。早在哥伦布时代，当地的印第安人就用这种蛙的毒液做毒箭了。

叶毒蛙的毒液为什么会有这么大的毒性呢？前苏联科学家决心解开这个谜。

马尔塔探险队在南美把捕获到的50只叶毒蛙。装在罐中，然后用飞机运回苏联。经过漫长的旅途，大部分叶毒蛙由于突然离开原来的生活环境死掉了，仅有7只幸存，带回实验室以后，这7只也先后死去。研究人员立即着手分离毒素，可奇怪的是，死去的叶毒蛙竟然无毒。

探险队只好重返南美，向当地人请教取毒方法。然而当地居民守口如瓶；直到马尔塔医好了当地许多人的疟疾，

完全取得了他们的信任后，才得到了采取毒液的技术。

当地居民把活的叶毒蛙穿在长棍上，放在火边烤。蛙的皮肤受热后渗出、滴下白色的液体。这就是他们要取的剧毒液。

经过1年的研究，叶毒蛙的毒以结晶形式被分离出来。这种蛙毒被命名为"巴特拉克托克新"。

后来又经过威迪科夫等科学家的研究，才搞清楚了蛙毒的化学结构。原来这种蛙毒含4种有剧毒的物质，化学结构属于类固醇生物碱类。第一种叫做蛙毒素，是最毒的物质；第二种叫做蛙毒宁A；第三种叫做高蛙毒宁；第四种是非常不稳定的物质，称为伪蛙毒素，在室温条件下能自然地变成蛙毒宁A。

生理学家又研究了人的中毒机理，它的生理效应是对中枢神经元起作用。在神经—肌肉实验中，发现这种毒素对神经末梢有不可逆转的阻碍作用，中毒后先是肌肉麻痹，然后是呼吸麻痹，几秒钟后人便会死亡。

至此，地球上最毒的动物之谜解开了。对这种连印第安人也束手无策的剧毒，人们有希望找到解毒办法了。

神奇信息素

在我们周围的空气中充满了神秘的信号——能够传递各种信息的气味。科学家们发现，在这种气味中存在着世界

上最古老的无声的"语言"。这种"语言"称之为信息素。

在生物进化能够确定生成其他物体发出的光或声之震动的眼睛或耳朵之前，在古时期的生物就是利用这种化学物质直接地互相联系的。

现在，仍有许多生物是用嗅觉器官来相互交流和联系的。你是否注意过，当小猫用它的脸蛋去擦你的腿时，它胡须根部的气腺就会散发出气味，似乎在对它的伙伴们说："这是我的主人。"狗同样会在其周围以气味来规定自己的领地。狼群追逐鹿时，会根据气味来确定其他狼群的位置，以阻止猎物为其他狼群所获。

在兽群中，信息素气味还是表示归属、特征和地位的标记。"狗王"在狗群中会散发出使其他雄犬顺从的气味。对这种占统治地位的雄犬来说，信息素可以称为胜利的信号。在其他许多动物中，例如小白鼠，统治雌鼠的信息素可以调节其他鼠的交配周期，甚至抑制它们后代的生殖能力。

信息素能够影响繁殖。春季，雌午毒蛾放出一种气味信号，似乎在表示它要寻"新郎"了，而雄蛾能在半英里以外的地方嗅到这种气味。科学家们已经分离出这种化学物质，并用这种物质引诱求偶的雄蛾，或诱使它们落入陷阱。这种方法开创了人类历史中与虫害斗争的新纪元。

当然，人类已不是第一个使用这种利用其他动物放出信息素来诱骗它们的办法的。例如，蓄奴蚁就是利用这种办法的，它们先把其他蚂蚁内的气味带到自己的洞穴内，使这种蚂蚁"闻味而来"，然后采用闪电般的化学战来镇住这些蚂蚁，使它们束手无策，并把它们的蛹搬来，从此，它们和它们的后代就对蓄奴蚁产生了一种恐惧心理，沦为蓄奴蚁的奴隶。研究结果表明，其他害虫也会因信息素而产生恐惧心理，例如蚊子是靠气味来寻物的，若在被寻物上放出信息素，蚊子就会惧而远之。

蓄奴蚁

那么信息素能否影响人类的行为呢？和那些生活与气味关系较大的动物比较，人类与气味的关系似乎并不十分密切。比如，一只德国种牧羊狗的鼻子上就有 22 亿多个嗅觉细胞，这比人类要多 44 倍，因此它们的嗅觉能力要比人类灵敏得多。但是，在动物界中嗅觉最灵的要数大马哈鱼（鲑）了，它们可以根据极稀薄的气味，从几千英里的海洋和江河盆口以外，找寻到它们适于产卵的溪流。

人类分辨物体和方位较多的是靠眼

睛及耳朵，但我们的鼻子也确实是非常灵敏的。某些公用公司就常把一些有恶臭味的气体加入到无臭的天然气里，当管道稍有渗漏时，使用者马上可以根据臭味发觉管漏，从而采取相应的措施，以解决之。一般来说，在 5000 万个空气分子中，若含有 1 个这种臭味分子，我们的鼻子就能感受出来，同时，我们也可以根据进入鼻孔的臭味强弱，确定泄漏的方向和远近，就像我们的双眼能确定方向一样。

诚然，对于不同的人来说，他们对气味的灵敏度也是有很大差异的。大多数人至少能够辨别出 4 万多种特殊的气味，但有些人只能辨别 1 万种左右的气味。另外，有一种值得注意的情况，就是妇女嗅觉的能力与男子有所不同。但总的来说，对于气味的感觉是由于体内与体外的化学物质相互作用的结果，体内的化学物质就是激素（荷尔蒙），而体外的化学物则是信息素。

科学家们迄今为止还未弄清嗅觉器官是如何工作的。有一种理论认为，尽管物质具有不同的化学性质，但只要有相同的分子形状，就应该有相似的气味，所以，我们的嗅觉细胞就是根据物质的分子形状来辨别它们的。但是正如颜色只有很少几种原色，而通过原色可产生许多复色一样。物质的分子形状也是少量的，那只有少量的"原味"。原味可以混合产出许多复合气味。

另一种相反的理论认为，鼻子是根据振动来辨别气味的，这就像我们是通过振动原理来耳闻目睹的一样。实验证明，当将被试验者处于一个电磁场内时，他的嗅觉器官会发生变化。这就意味着信息素分子的振动频率（而不是形状）决定了嗅觉的能力。

当然，这两种理论各有千秋，有待进一步研究。

鼻子里的嗅觉细胞是与人脑最初级的一个区域——嗅脑直接联系的，膜脑现在一般称为边缘系统，能够调节骨骼的活动性，而且最主要的是控制性、饥渴等活动。根据这种嗅觉的记忆，我们能很容易地解释，为什么人类能很清楚地记着他们童年时代所嗅到的气味，因为气味能变成一种密码而储存于大脑中。科学家已证实，出生几天的婴儿就能够辨别母亲的气味了。

人类是否也能像许多生物那样产生能对信息素作出反应的信号呢？科学家们发现，有许多我们至今还不知道的气味可以引起人体内的变化。芝加哥大学的研究人员马瑟·麦克柯林托克在他进行的一项著名的研究中证实，生活于同一种环境中的姑娘，由于气味的暗示，她们的月经会同时发生，也就是说，会产生相同的月经期。在另外的试验中，研究人员发现，当让一群人坐在一间空气中飘有极少量气味的房间后，尽管人们没有嗅到什么气味，但研究人员可以监测到一段时间后他们的血压、呼吸和心率都有所变化。

目前已经肯定，人体内确实能散发出某些与其他动物的信息素有相同功能的化学物质。男子出汗时会散发出雄甾酮的气体，而家猪和野猪也会散发出这种物质的气味。对于公猪来说，这是它们急欲占有母猪的一种气味信号；而对母猪来说，则意味着它们对于交配的一种感受性。然而这种物质对人类来说意味着什么呢？至今还无一个令人满意的答案。若拿一个雄甾酮样品给男子嗅一下，几乎有一半人根本说不出它有什么味道。但把这个样品给年轻妇女去嗅时，她们差不多都能辨别出这种气味，大多数人把这种气味描述为"令人舒适和带有麝香的气味"。几个世纪以来，麝香一直被作为催欲剂。试验表明，妇女月经周期中乐于闻雄甾酮。

1978年，英国伯明翰大学的科学家们公布了他们关于野猪的信息素对男、女性影响的研究结果。他们发现野猪信息素对于人类有明显的作用。在充有雄甾酮的环境中，很少有人会注意到它的存在，但他们的处世态度有了明显的改变，人们变得快乐和友好了。他们做了这样一个实验：先让被试验者看一张人群的相片，询问他们关于照片中人们的有趣和动人之处；然后让他们感受雄甾酮的气味，再让他们看同一张照片，并问同样的问题，结果这些嗅过雄甾酮气味的人眼中的照片被描述得更为有趣、动人。研究者认为，这可能是由于雄甾酮的作用，激发了人们对于社会联系的关心。鉴于这种观点，雄甾酮显然可以用作政治集会时气雾剂，或者用于墨水中书写竞选文件来使候选人更加引人注目。

气味还能影响人们的好奇心。耶鲁大学的心理学家尤迪斯·罗汀的研究证实了他本人提出的观点，即"对某些节食者说一句'若闻一下巧克力的味道，你的体重就会增加一磅'的话，节食效果会更好些"。罗汀发现，含有少量芳香气味的可可食物会使人们血液中胰岛素含量跃增，从而加速将血液中的糖分转变为脂肪的过程。因此，有的人不吃也会发胖。

科学家们正在考虑香料的新用途。在俄罗斯，科学家们正在使用特别的气味来减轻工人们的紧张心理和压力感。他们相信，正确的气味可以提高工作效率，减少狱中的暴力行为。这种气味注入书内，还可引起学生的求知欲，改善他们的记忆能力。

在古时候，医生就常常利用气味来诊断疾病。据说，伤寒病患者有种热面包味，风疹患者有股刚拔下的羽毛味，精神病人有老鼠或鹿的气味，患有鼠疫的人有蜂蜜味，而黄热病人则有屠宰店的味道。

对于一个昏迷的人，若他呼出的气体中有一种丙酮的特殊甜味，则可能是由于糖尿病引起的；若有氨气的气味，则可能是他的肾脏出了问题；若其他气味，可能是肠子损坏或是氰化钾中毒。化验室的结果往往需要较长的时间，而这种诊断方法只需几秒钟就行了。

很显然，我们周围的气味即信息素能影响、支配人们的行为，并使我们的生活变得更为丰富多彩。如果我们对信息素加以重视，一定会得到许多我们现在无法想象的惊人知识。

嗅觉之谜

动物大多凭借敏感的嗅觉维持全部生命活动。因此，嗅觉的作用就显得十分重要而又神奇。

狗的嗅觉

狗的嗅觉十分灵敏，能嗅出 200 万种不同浓度的气味，其灵敏度是人的 100 万倍。因此，狗的这种奇特嗅觉功能便可以为人们所利用。如猎人用狗追咬受伤的野兽，警察用狗来侦缉罪犯，海关人员用狗缉私、搜查毒品和危险品，地质人员用狗勘探硫铁矿、汞矿和砷矿，工兵用狗探地雷、发现陷阱，海防战士用狗找出由海底潜入的敌人等等。大象的视力很差，可是它全靠灵敏的嗅觉去寻找食源、发现敌害。

有趣的是，蜜蜂、蚂蚁等昆虫嗅觉十分灵敏，能利用气味来区别敌友、寻找食物、传递信息、发出统一行动信号、寻找配偶等。它们放出来的气味，是进行通讯、交谈的"语言"；工蜂能放出一种含E－柠檬醛的化学物质的气味，可以招引几百米范围内的同伙聚集在一起。蜂王则通过散发一种抑制工蜂产卵的气味来维持自己的君主地位，同时这种气味还可以吸引雄蜂前来交配。非洲有一种毒蜂，蜂王一旦发现可以进攻的目标，就发出一种具有特殊气味的化学物质（激素）"命令全军反击"，即使是老虎、狮子也难逃脱性命。还有一种黄蜂，毒液中有"报警信息素"，可通过空气传播给巢里的蜂群。若打死一只黄蜂，能激怒 5 米外的巢中黄蜂飞来团团围攻螫人，几只蜂就能杀死对此过敏的人。在这种地方若遇上黄蜂，打死一只就是失策。

有一种小小的雌蚕蛾，放出的性引素气味，能引诱到 2500 米以外的雄蚕蛾飞来。有的飞蛾几乎能觉察到单个分子的气味，能使 8 千米以外的雄蛾闻到气味。

蚁尸能发出一种"死亡臭气"，使邻近的蚁群来将死蚁拖走。如果将死蚁体液挤在活蚁身上，同窝的活蚁会不顾一切地把它拖走，直到这种气味消失才回窝。

鲨鱼的嗅觉对海水中的化学物质反应很敏感。它可以嗅出海水中 1ppm（百万分之一）浓度的血肉腥味。日本学者研究鳗鲡的嗅觉，发现在 1 万吨海水中即使仅溶解 1 克氨基酸，鳗鲡也能觉察出气味而聚在一起。大马哈鱼在河流中孵化后游到大海中去，在海里漫游千里之后，又沿着气味逆游回到它的产

鲨 鱼

卵地产卵。

有一类节足动物，当它遭到攻击时，会头朝地、尾抬高，喷出一股臭气还击敌人。黑尾鹿遇到危险时，会从小腿外侧的腺体分泌出一种香草那样的气味迷惑敌人。

在非洲莫桑比克，有一种吃猫的老鼠，体躯只有猫的1/20大。只要轻轻一叫，猫会瘫倒在地，老鼠不费力地咬断猫的喉管，把猫血吸尽。这种老鼠身上因为有一股浓烈的麻磷气味，使猫一闻到就会瘫痪。

现在，世界上嗅觉最灵敏的雄蝴蝶，能在11千米之外嗅到雌蝴蝶所发出的性激素。总之，动物的嗅觉实在是神奇极了！

鸟类觅路

物理学家埋头研究太空航行的时候，另一些优秀科学家却在研究飞禽如何在地球上飞行。例如北极燕鸥，出生在北极圈10度以内的地方，出生后6个星期就离家南飞，用什么方法认路，飞到1.8万千米外的南极浮冰区？它在南极过冬以后，又怎能回到北方原来的伏窝地点去度夏呢？它那简单的头脑怎样解决曾困扰人类千年之久的那些航行上的问题呢？

一般相信，罗盘在12世纪发明。300年后，哥伦布才横渡大西洋。但是早在几百万年以前，鸟就已经若无其事地在环球各地飞翔了！时至今日，我们仍未能充分了解飞禽是怎么认路的。

直到18世纪，鸟类学家才开始知道夜间也有鸟飞，而且一起飞行的鸟数目很庞大。1898年，一位观鸟客估计，秋季最多鸟类移栖时，夜晚飞经他观鸟地点的鸟，每小时达9000只之多！这种报告使科学家想起飞禽移栖所牵涉的觅路问题，这个问题一直到今天都还是疑团莫释。

北极燕鸥

与这个问题密切相关的，自然是鸟类的"还乡本能"，那是它们的另一遗传天性。人类自初次利用鸽子传信以来，即开始利用鸽的这种天性。但觅路回家的世界纪录，可能是一只形似海鸥叫做曼鸟的小鸟所创下。英国威尔士海岸悬崖的洞穴里有很多这种小鸟。其中一只曾经被绑起来用飞机送到美国麻省波士顿，于 1952 年 6 月 4 日在波士顿把它释放。在 6 月 16 日下午 1 点 30 分，也就是 12 天半之后，它又钻进它在威尔士的巢穴中了。它飞越了 4800 千米无迹可寻的茫茫大海！

它们靠什么来决定航向？北极星？太阳？月亮？风？气候？地磁？它们的方向意识又是从那里来的？

德国鸟类学家克莱默进行的一项实验，是真正了解飞禽觅路问题的第一步。他设计了一套方法，用以测验 20 世纪初有人信口提出鸟类依靠太阳指引方向的一个假说。他注意到移栖季节来临时，笼中的鸟会惶惶不可终日地乱跳。于是把几只关在笼子里的欧椋鸟放进一个圆形的亭子里，亭子开了只能看见天空的窗。他接着记录下亭中各鸟栖止的位置，发现它们经常头朝着它们要移栖的方向。蒙起窗户以后，它们就失去准则，四面乱飞乱跳。后来他装了一个灯光假太阳，让鸟在错误的时间和方向升落。亭中的鸟又朝向移栖方向，但是所采的是靠人工太阳决定的错误方向。他因此为太阳决定航向学说找到了有力的证据。只有一点无法解释：鸟怎么能不分昼夜，不论阴晴凭太阳指引呢？

太阳位置不断改变，利用太阳测定方向，也是个非常复杂的问题。别的不说，鸟的身体里至少需要具备一种几乎相当于钟表的计时本领。

曾在剑桥大学任职的英国生物学家马修斯指出，靠太阳指引飞行方向存在各种困难，但是他深信移栖和觅途还乡的飞鸟确实具备这种本能。

1955 年，他的实验摘要发表，有一件事无法充分说明，那就是夜间移栖又作何解释？"夜航方向可以凭当天日间的太阳方位决定，"他推论说，"然后尽可能整夜维持不变，也许还可以从月亮和繁星的位置获得若干引导。"另一飞禽学家，德国佛雷堡大学的邵尔对这个相当含糊的理论并不满意。邵尔主要研究长途飞行的莺，这种莺多半在晚间飞行。他一连做了很多夜间实验。他在移栖季节把一批关在笼子里的莺，摆在只能看见天上繁星的地方。他发现鸟儿一瞥见夜空就开始拍翅欲飞，而每只鸟都会选好一个位置，"像罗盘上的指针一样"对着莺——向移栖的方向。当邵尔把鸟栖上的木棍旋转到另一方向时，它们仍要固执地转回去。

邵尔博士又把他的莺放在人造星空模型里，莺仍选出了飞往它们非洲冬季居住的正确方向。旋转圆顶把星辰位置摆错时，它们也跟着错！

这种小小的莺，在夜间出发，孑然一身，无群飞时的集体安全，孤独地鼓翅南飞，能够毫无偏差地飞到遥远的非洲。邵尔博士已经确定莺除根据太阳之外，同样也能依据星辰来决定它们的飞行方向。

这种巧妙的本能是怎样遗传来下的呢？马修斯博士认为，那是"生物学上的重要奥秘之一"。他还提醒我们，这门科学的积极研究和实验，目前才刚刚开始。邵尔博士现在正想把各星座从他的行星仪中逐一移去，希望查出莺在夜间飞行主要是靠哪些星座。暂假定只要有北极星就行。

30多年来专心研究飞禽觅路问题的学者，一致同意一个基本的事实：每一候鸟的微小脑子里，生来就有某种仪器，使它与天空中的亮光结成复杂的关系，在地球上来去自如，而人类枉有那么多种发明，却永远都难达到那样玄妙的境界。还有，上述例子表明，有些情况下环境可以影响体型模式，既然这样，从遗传和发育的角度来看，又该怎样解释呢？

总之，在这个问题上，还存在着许许多多的未知数，就像其他"生命之谜"那样。一系列谜底的揭晓都有待于生物学家的继续努力。

神奇变色龙

生长在非洲和马达加斯加岛的变色龙，在蜥蜴目中也是个怪物，它头上长角、身上有"刺"，体长约13～25厘米，身体颜色随着它的心理状态及环境温度而变化：当雌性排卵时，便呈现非常美丽鲜艳的体色；交尾时的雄性则呈深黑色；当敌手侵犯其势力范围时，体色马上变得苍白。同类角斗时，战败的

变色龙又会呈现深色。如果它的体色呈现淡黄色或深灰色，那就说明它的身体暖和或者着凉了。

变色龙

变色龙的另一个绝技是捕捉昆虫几乎百发百中。平时，它静悄悄地伏在灌木林的树枝上，目不转睛地注视着周围的动静。一发现昆虫，它就能在1/25秒的瞬间，伸出它那条长达0.3米并附有黏液的长舌，击中并捕回猎物。

当然，变然龙如果没有这一绝招就要挨饿，甚至无法生存下去。变色龙没有自动对焦测距离的外借物，是怎样测量出与猎物间的距离，伸出恰当长度的舌头捕捉猎物的呢？

为了解开这个疑团，英国牛津大学自然科学家琳茜·巴克诺经多年苦心实验，终于明白了这个让世人感兴趣的问题。巴克诺指出，变色龙是每只眼睛对焦，测定它与对象之间的距离，而不是两只眼睛同时工作的。巴克诺曾经把各种不同焦距的眼镜戴在变色龙头顶的三只角上进行实验。结果发现，即使两块镜片的焦距不同，变色龙也能准确地捕

食昆虫。这就解开了变色龙测距之谜。

鸟群电场

研究表明，不仅鱼类，而且会飞的昆虫和许多飞禽走兽都被随呼吸节奏变化的电场所笼罩。有人做过这样的试验：把一只鸽子放入风洞并往里鼓风，这时鸽子羽毛周围的电场电压达到数千伏特/厘米。电子计算机的计算表明，在约40米高度上飞行的鸟群所具有的电势高达6000伏特！

飞鸟鼓动翅膀时，它的羽毛便立刻带上电荷。在羽毛与气流的临界处能产生一种所谓的双荷电粒子层。鸟儿每鼓动一下翅膀，便在翅膀羽毛末端产生一股涡流，带走一部分电荷并产生新电荷加以补充，于是形成了电流。这样，飞鸟的翅膀就等同于一台直流发电机，它能产生电压约1000伏特/厘米的电场。

鸟类产生电流的好处在于大量节约对它们来说极需要的热能。强大的电场能在它们的绒毛层内创造最佳的热交换条件。这是因为飞鸟羽毛表层与空气摩擦时会带上正电荷，而紧贴身体的绒毛则获得负电荷。因此，鸟类飞行时，不断产生正电荷，以使所携带的电荷达到平衡，并防止冷空气侵袭身体。现在我们就清楚为什么飞鸟的羽毛被淋湿后（也就是说完全放电之后）即使晒干了，小鸟在起飞之前也要用喙细心整理自己的羽毛，因为只有这样才能获得必需的电势。

为什么数千只的鸟群能够在最短的时间内（仅仅5毫秒）整齐划一地完成复杂的飞翔动作？要知道头鸟做给鸟群每个成员看的信号是根本不可能看得见的，而传令的叫声在嘈杂的鸣叫声中也是根本不可能听得到的。所以可能鸟群飞行时是受电信号指挥的。

为什么飞禽在飞行时有些排成"一"字形的纵队，有些排成锐角的"人"字形，有些则排成钝角的"人"字形呢？物理学家认为，这方面最为可靠的假说只能考虑飞禽身上静电荷的因素。

候鸟队形

至于候鸟能够保持整齐划一的飞行队列，那是因为在鸟嘴、尾巴和翅膀处电场电压最大。鸟群中相邻的两只鸟电场相互作用的结果是飞在前面的鸟儿的尾巴使飞在后面的鸟儿的头部感应出电荷。于是鸟群中所有飞鸟都像是电偶极子那样相互影响着。形象地说，飞行形状的鸟群仿佛是在每只飞鸟的嘴上衔着一张由电场电力线所组成的网，而每只飞鸟就是通过在自己嘴上的电感受器来保持同这张网接触的。如果队列保持整齐，这张网不会绷紧，各个"网眼"不产生电压。一旦某只飞鸟试图离开队列，这张网便变形，于是网眼中便产生一种能使这只"溜号"的鸟儿回到原位上去的力。

细胞的演变

一个单细胞是如何变成一个拥有几百亿个细胞的组合体？这是最新提出来的科学上的未解之谜，几千年来一直吸引着科学家们的思索。

早在19世纪中叶，科学家们就证实了卵子原来只是个简单的细胞，经过不断分裂而产生的为数不多的胚胞或"分裂球"也是简单的细胞。首先由这些"分裂细胞"构成了胚层，然后通过这些胚层的分工或分裂构成了各个不同的器官。此外科学家还证实了雄性动物的精液也是一些微小细胞，它们是奇特的"纤毛细胞"。这也证明了动物的两种重要生殖物质，一是雄性的精子，二是雌性的卵子。

然而事实证明单纯的物质是没有思维的，它们只是一种信息的载体。换一句话说，只有在意识的作用下，这些物质才有存在的价值。当然，反过来说，没有这些物质载体，信息和意识也同样没有存在的价值，这就是新观念对宇宙万物的根本衡量尺度。

受精卵的形体本身就是一个人生存的开始，一个独立生命生存的开始。怀孕和有性生殖对于人类和动、植物的生命延续有着特别重要的意义，而受精过程中最重要的事件是两个性细胞及其核的融合。几百万个雄性细胞包围着一个卵细胞，而只有一个进入到卵细胞中去。两个细胞核由一种神秘的力量互相吸引，互相接近和互相融合。对于这种与生俱来的神秘力量，人类至今仍未探索出个所以然来。因为有一种领域是我们无法涉足和掌握的，那就是信息微波的发射方式和意识对万物的引力。

不少人将这种神秘力量解释为一种化学与嗅觉相类似的感官活动，他们认为两个性核的感官感觉，由于"恋爱的化学向性"而产生了一种新的细胞，统一了双亲的遗传特征。精核将其父性的，卵核将其母性的体征与精神特征都引渡到了"种细胞"中，而种细胞则发育成了婴儿。当他们提到"嗅觉"和"感觉"的时候，他们也许还没有意识到自己已经踏入了思维的领域。因为单纯的物质是不会产生"嗅觉"和"感觉"的。

20世纪60年代，人类发现了第一部"遗传密码字典"，这部"字典"确实令人感到惊异和神奇。4种核酸分子成分中的任意3种组成1个密码子，对应于蛋白质的一种成分，遗传密码字典好像一种排列组合游戏的谜底，至今还没有发现一种可以用数理方法来描述的函数关系。

四种码的不同排列组合方式组成了

决定全部二十几种氨基酸的密码子,从密码字典上,我们还能查到命令蛋白质开始组合的起读密码子和终止蛋白质肽链的止读密码子。生物体通过这种巧妙的方式贮存和传递生物的遗传信息。整本遗传密码字典编造得极为完美、严谨、精巧,真可谓丝丝入扣。面对这样的奇观,人们禁不住急切地发问,没有意志和意识的自然界怎么能够编造出如此超凡的密码字典呢?这正是让现代科学家困惑不解、思索不通的大问题。

生物化学家早就注意到蛋白质在生命过程中起着重要的作用。它的结构很复杂,种类繁多,它们在生物体中执行着许多不同的功能。蛋白质是生物体的许多组织的组成部分,例如,动植物的纤维、鳞片、毛发、羽毛、软骨和肌肉都是由蛋白质构成的。但是蛋白质最重要的功能则是维持许多重要的生化反应,在这些反应中起重要作用的就是酶蛋白,只要酶的作用受到阻碍,生命就会终止。

你们瞧,在肉眼根本无法看到的微观世界里竟也有着如此和谐统一、完美严谨的智慧体系。难怪莱布尼茨断然否定宇宙间存在着任何荒芜的、不毛的、死的东西。根本不存在混乱,根本没有混乱而只有秩序和规律。他认为,物质的每一部分都可以设想成一座充满植物的花园,一个充满着鱼的池塘。植物的每个枝丫,动物的每个肢体,它们的每一滴液体,也都是这样的花园或这样的池塘。

这也就是说,在这个宇宙中事无巨细统统都包含着规律和秩序,这是不以人的意志为转移的。前面提到过,当精子和卵子的细胞核碰撞、汇合的瞬间,一个新生命就诞生了,那么这个新生命是属于雌性还是雄性呢?现代科学已经证实在这个新生命的诞生之时,这种属性也就被决定了。

生物学家把某些哺乳动物的一些细胞放在玻璃片上,然后滴上一点特殊的染料在显微镜下观察,便可以看到细胞核中的一些形状各异的小东西被染上了颜色,其形状有的像扁豆,有的像木棍,有的像枝杈,它们便是举足轻重的染色体,决定生物性的特征和基本基因就在这些小东西里面。

如果观察正常人体的细胞,一定可以数到 46 条染色体。它们两两成对,一定是 23 对,如果拍成显微照片适当放大,还可以把照片的染体一条条剪下来排好,决定性别的遗传基因就在最后的那一对(即第 23 对)上。如果这一对是相同的 2 条大个子染色体,那么这个新生命必定是女性,这条大个子染色体称 X 型染色体。在男性第 23 对染色体上必定有 1 条 X 型和 1 条较小的 Y 型,Y 型染色体上带的某种遗传基因导致了男性特征的产生。最常见的决定性别的方式称为 XY 型。所有的哺乳动物某些鱼类、两栖类动物、昆虫以及很多雌雄异株的植物,均是由这种方式决定性别的。

诸位现在该明白了吧?宏观上雌雄个体如此显著的差异,竟是由如此精微的小东西——性染色体决定的。这不由得人们不佩服造物主的精巧安排。过去，由于人类不明白宇宙中智慧等级的差别所在，由于不明白"大自然"的本质究竟是什么，所以不论发生什么样的生命奇迹，不是高喊"感谢上帝"，就是高呼"自然的巧妙安排"。

可是今天，因为一个全新观念的诞生，所以人类必须严肃地更正过去的片面论点，而要将这一切归功于宇宙中各层次的高级智慧者们的共同创造。正是他们发送信息微波的刺激，使得那些构造精巧的神奇遗传机制产生了更新生命的奇迹。

而关于细胞分裂和演变的奥秘，不在于别的，而在于来自宇宙智慧发送的信息微波的刺激作用。这种信息微波的刺激不是偶然的、随机的，而是规律的、恒定的、有方向性和目的性的。我们已经知道了，在生殖过程中，生命集中到单个细胞，这一事实表明，在单细胞中含有使其自身在以后发育成一个完整有机体的物质，每个生物都带有它自己的后代的微型译本，并把这种信息传递给细胞的后代。

由此看来，这种信息的传递绝不是什么随机的偶然，而是规律的恒定。从有生命开始起，这种更新与延续生命的信息传代就一直在起着主导作用。正如我们的电子计算机在没有软件程序的输入下，是不可能进行工作的道理一样，组成生命的细胞、蛋白质分子、性染色体等都不可在没有信息微波的引导下来进行工作。这就是新观念给予人类阐明的一个关于生命奥秘的真理，这个真理

的诞生将帮助人类进一步探明我们的生命从单细胞发展到五脏俱全的奥秘。

母亲怀胎 10 月分娩下一个有着完整机体的婴儿，谁能不为这创造的奇迹叹为观止呢？要知道这是一种恒定的软件程序，我们怀着的新生命只要按照这种程序的引导来正确进行分裂细胞，组成各种器官的工作就可以了，这就是细胞分裂的奥秘，也是永恒规律的特殊表现形式，是任何人都无法违抗的；没有这样的信息引导，就不可能有人类和万物生命延续。这就是正确的答案。

事实上，对于生命奥秘的研究我们还只是了解了一点表面，地球上充满了各种奇妙构造的生物，参与构成的蛋白质通过各种不同的组合搭配起来，这只要蛋白质库中的很小一部分就够了。科学家们曾计算过，二十几种氨基酸排列成有 250 个碱基程度时，形成的蛋白质种类可达 20^{250}，这个数字远远超过了宇宙数字。从地球上生命起源以来所合成的蛋白质种类还没有超过 10^5，这是多么巨大的数字差别呵！所以人类只有克服傲慢，不断探索才是。

现在，我们经过探讨，知道了虽然在地球上分布着几百万种不同的生物，但它们的基本单位就是细胞。我们用光学显微镜可以观察到细胞的结构，细胞都有细胞核、细胞质和细胞膜。新陈代谢主要在细胞质中进行，细胞核则是控制细胞的生长发育并执行繁殖功能，细胞膜是细胞与环境发生联系的通道，通过它细胞才能维持住自己的生存，这就是规律。

众所周知，一滴水可以反映太阳的光辉，一粒沙子可以使人嗅到沙漠的气息，辽阔的大海是由无数个一滴水组成的，无边的沙漠则是由一粒粒沙子组成的，它们都是无数个"单子"的复合体。同样的道理，一个微小的单细胞也能够反映和包容整个宏观人体的信息与特征。极微小的染色体和同样微小的遗传生物链机制，都是自成系统，自组织能力极强的生命延续的基本结构，它们同样是规律和智慧的化身。

在整个细胞分化的过程中，由于细胞内的系统在主控运动的首脑正确的把接收到的信息指令传达给了各个执行单位，然后在它们的共同协调努力下，将一个简单的细胞分化和构成了生物体内的各种器官。而这种微小的系统也随之增长成了一个具有几百亿个细胞组织的庞大的系统机构。

虽然我们可以把某个器官看成是主要执行某种功能的，但是实际上生物是作为一个整体系统执行这种功能的。例如消化系统和排泄系统的功能是从外界摄取营养物，并把新陈代谢的废物排出体外。但是要顺利地执行这套功能则必须有呼吸系统和循环系统供氧，要有骨骼、肌肉系统支持，要有内分泌系统和神经系统的控制调节，还要有皮肤系统的保护。在这一点上，中国的中医有着深刻的认识，中医总是把人看成一个整体系统，把疾病看成是这个系统的失调，医治的方法是把这个系统调整到正常运行状态中去。

现代科学认为，人体本是一个完整的生物场，构成这一物体的每一个细胞，或者说每一个遗传基因主体排列中，都带有人体全部显性生命的特征，既然 DNA 隐藏了人的全部密码，那么在某个局部也应显示遗传密码，如同破碎的全息照片，在任何一碎片中都能重现全部图像，这正符合了前面的论断。

知道了细胞演变的奥秘之后，诸位一定急于揭开人类生命产生和发展的奥秘，因为这实在关系到我们未来的发展方向。正如有人所说过的那样，"未来"虽然好像在雾中，但是可以猜想，可以预测。"过去"尽管悲哀地沉入了大海的底层，或埋进了地层中，但是可以挖掘，可以解剖和分析。这就是前面所提到的，过去、现在、未来乃是同一条观念之链上的不同环节。

飞来鸟之谜

在印度的一则古老传说里，说过这样一件奇事：在文明摇篮恒河的下游地带，有一年发生了亘古未见的大蝗灾。这些直翅恶魔所过之处，谷物一扫而光，甚至竹子、灌木也全被啮咬净尽，千里沃野不一会儿便成荒芜赤地，人们流离失所。食无噍类，只好坐以待毙……幸得天上神"于心不忍"，终于派鸟神率领儿孙们飞临人间，一批一批地投进饥民的怀里。

千百年过去了，这种"天赐之食"的故事甚至连印度也只把它当做无稽之谈，以为这不过是僧侣们编造的罢了。

恒 河

可是，到1905年，却有一家报纸报道了一则类似的惊人新闻：在印度东部奥里萨邦的一个小村落卡登加居然也碰到了传说中的神迹！在一个昏黑的晚上，这个村子的一头水牛失踪了。人们于是举着火把到山野里去寻找，天上正下着瓢泼大雨，还刮着风，眼前灰蒙蒙……当他们搜索到巴顿尔山山脚的时候，奇迹出现了：只见一大群飞鸟倏地从天而降，一头栽到火把圈子周围的地上。村民们又惊又喜，纷纷捡拾这些"天上掉下来的食物"。令人吃惊的是，刚逮完一批，另一群又空投而至，仿佛是谁专程送来似的。卡登加村民突然觉得不胜荣幸，跪倒尘埃，感谢上苍丰厚的赏赐。

确实奇怪得很，在那个村子里大白天是看不到多少鸟雀的，就是在无云、无风、无雨的夜里，鸟类也极少在这里栖止；而且，像这种束手待擒的鸟儿更是从未见过。可是打自那一次意外的收获以后，每到风雨交加的晚上，全村的村民就都盛装艳服，举起大火把，带着长竹竿，像过节那样出发到巴顿尔山下去收受"神赐"的礼物。

令人不解的是，居然每次去必有获，而且所获甚丰。这种现象不仅引起印度人好奇，也很快引起生物学家注意。但是半个多世纪以来，有关研究都没有取得多少重要进展。前些时候，又有两位印度动物研究所的科学家在这个神秘的村子整整待了2个星期，调查、实测，但仍没弄清其中奥秘。

其中的一位名叫辛普达，他后来在《科学导报》杂志上发表的研究结果里宣称：卡登加现象是世界上惟一的孤例，无从比较，也无法解释。辛普达在长达15天的野外考察中，每天从晚上6点半起便蹲在发生过"神迹"的灌木林里，从三四个不同的角度去观察、分析这些奇异鸟类的古怪行径。他发现，每次的"天赐"仪式总是到凌晨1点半钟才结束。每个地点每小时平均飞来的鸟儿是20只，种类各不相同。据分析，漆黑的夜晚、浓密的乌云、定向的强风、急骤的阵雨是招引鸟类的绝对必要条件，而气候越恶劣，"自来鸟"就越多。最莫名其妙的是，这些鸟仿佛是来赴一个"死约"似的，当村民来捡它们时，绝不逃走；甚至也不吃投给它们的美味如蜗牛、蚯蚓等。就这样，不到48小时便安然死去。据此，辛普达向学术界提出了一个"鸟类集体自杀"的假设。

这真是生物界的一大悬案！科学家们纷纷出来质疑：鸟类何以非得跑到这儿来"集体自杀"不可？为什么这种奇

异现象只发生在卡登加？几个参加过20世纪70年代考察队的生物学家也提出：假如是炬火或亮光的招引作用，可是在其他地方设置同样的火光条件却又并不成功，难道卡登加的光亮有一种鸟儿才理解的讯号？历史学家也困惑不解：为什么卡登加"自来鸟"竟和古代传说无论是地域和情节都如此不谋而合？……

三峰驼

世界上的骆驼有3种：无峰驼（即美洲驼）、单峰驼和双峰驼。一般认为，古代来往于丝绸之路上的骆驼商队，使用的是双峰驼。然而有些迹象表明，在这条古道上，很可能还曾有过一种长着3个驼峰的骆驼，即三峰驼。

双峰驼

1971年，考古学家亨利·德洛平诺泽在新疆喀什地区发现了几个陶质平板形小骆驼，它们都有3个驼峰和一条明显的粗尾巴。由于在每个骆驼上都钻了一个小孔，所以德洛平诺泽认为，这是一种地点标志，或称之为"骆驼停放场

标牌"。而另一动物权威教授却说他是在幻想和牵强附会，认为他发现的只不过是儿童玩具而已。这位权威嘲笑地问道：这种三峰驼的遗骨在哪里？对此德洛平诺泽指出：驼峰内无骨，只是软组织，因此三峰驼与双峰驼的骨骸无法区别。但在这场学术争论中，显然那位权威暂占了上风。

然而问题并未就此结束。由国际地理协会组织的塔克拉玛干考察队，于1978—1982年进行了发掘。有一次在一阵可怕的"黑风"过后，地面上露出了一些石板，可以程度不等地分辨出板上刻画着有3个驼峰的骆驼图像。科研人员认为，这些竖立在丝绸古道上的刻画石板是路标。由于风沙等自然力的长期侵蚀，刻画的图形大多已模糊不清。然而在山岭背风方向的一处岩壁上，可以清清楚楚地看出画有一只三峰驼。考察队中的一名修复技师用白颜色使这画面清晰地再现出来，然后用一层薄膜把它保护起来。由此看来，几年前发现的大尾巴三峰驼可能确有其事，这也给考古学家德洛平诺泽的推测提供了一个有力的论据。他认为，双峰驼所储存的脂肪，对于那条漫长而艰辛和丝路之旅不够用，于是人们培育出了三峰驼。这样一种定向培育法，在家畜育种上并不陌生，例如为了满足市场对肉食的需要，人们培育出了"长体猪"，这种猪比一般猪多生1对肋骨。

在一次世界动物学大会上，德洛平诺泽发表了他对三峰驼的研究报告，引起与会者的极大兴趣。然而科学家们知道，一个结论的产生，必须具备全面而确凿的依据。因此，上述三峰驼在历史上是否真的存在，以及后来消失的原因，仍然是个未解之谜，有待进一步探讨。

鸟类的声波雷达

蝙蝠和海豚都是依靠接收自己发出的超声波回波来判断对象物体的。科学家把这种现象称为"反映定位"声波雷达。奇怪的是，在鸟类的世界里，也有一种奇异的雷达鸟。这消息是日本北海道大学理学部附属归海实验科研所的生物学专家奥村，在 1983 年 12 月于日本动物行动学会年会上首次报道的。

蝙 蝠

原来，奥村副教授研究雷达鸟已有 7 年时间了。1982 年，他组织了一个专门的 5 人探险小组，深入到大黑岛去作实地调查。经过 1 年多的努力，终于在那个荒芜的海岛上，发现了一种具有反射定位功能的雷达鸟。

大黑岛，位于日本北海道东岸原岸海湾海面。该岛的面积只有 1 平方千米。岛上荒无人烟，只生长着稀疏的树木，以及艾蒿、蜂斗菜、土当归等野草。然而，岛上却栖息着数达百万只几乎是清一色的雷达鸟。真是一个名副其实的雷达鸟天堂。

雷达鸟性好戏水，属海燕之一种。它身长 20 厘米、翼长 40 厘米左右，身披黑毛，在腰间长有一撮白毛，故命名为"腰白海燕"（简称"腰白"）。

腰白海燕是一种夜间活动型稀有珍鸟，它竟能像蝙蝠一样在黑暗及大雾的夜空中，靠回波来辨别方向和捕食昆虫。因此，奥村副教授的发现立即引起了世界各国动物学家的浓厚兴趣。

腰白海燕的活动时间是从晚上 8 时起至次晨日出前为止。随着夜幕的降临，岛上便出现一种百鸟争飞，雀跃争鸣的热闹景观。然而，每当东方初晓，鸟声也随之稀落、静止，海岛又恢复为一个静穆世界。那么，腰白海燕藏到哪里去了呢？据奥村探险组的报道，原来，它们就在岛上忙碌着。有些"腰白"在地面上挖洞造巢，筹备成家立室；另一些却醉心于孵育后代。但奇怪的是，每个燕巢只有一只海燕（或雄或雌），在孵卵时它们的配偶到哪去了呢？是外出寻食还是去寻欢作乐呢？至今尚不清楚。另一个特性是，腰白海燕每对夫妇一年仅产一个卵。即使如此，岛上鸟儿不但不会绝种，相反却日趋兴旺。其秘诀何在？这是第二个谜。腰白海燕生态上的第三个谜，则是弄不清楚它们离岛时飞向何方。奥村介绍说，每年一到 4 月下旬，腰白海燕便不约而同地结队飞临海岛。但到了 10 月入冬季节，它们就从岛上一起飞走，不知所踪。为了探索腰白海燕夜间活动的奥秘。奥村等人摸到了海燕集居的地方，在一个能见度只有 1 米距离的雾夜里，用塑料薄膜、绳索及胶板等透明材料拉开一个大屏障，然后把海燕轰起来。结果，腰白海燕如同白天一样，能够巧妙地躲开障碍物，排成雁阵飞翔。可见，腰白海燕是利用眼睛以外的什么器官搜索目标的。

奥村指出，腰白海燕编队飞行时，是像蝙蝠那样，利用声波反射定位的。为了发挥鸣声导航的作用，列队飞行的腰白海燕都严格地恪守 3 项纪律：①边飞行，边发出"谷、谷、谷"的鸣叫声；②在 1 秒钟内，各自一面作数次改变航向，一面乘风拍翼哗啦哗啦地飞荡；③互相之间始终要保持十几厘米的间隔距离。

不过，腰白海燕的夜间辨别能力还比不上蝙蝠。蝙蝠是利用超声波定位的，所以，它能在黑夜中判断出小如缝衣针的目标。但"腰白"发出的只是入耳能听得见的尖锐鸣叫声，根据频率越低，识别目标能力越低的原理，可知腰白的夜视能力远远不如蝙蝠。

至于为什么海燕中只有"腰白"具有反射定位功能？它的这种本领是怎样发展起来的？那就有待于进一步的探索了。

美人鱼之谜

美人鱼的美丽传说一直深受人们的喜爱和赞美。从古至今，许多古老的民族和国家传诵着关于美人鱼的故事。

《渔夫和金鱼的故事》，是俄国伟大的诗人普希金写的一篇人格化写鱼的名著。丹麦著名童话作家安徒生的《海的女儿》，描写了美人鱼的美丽、善良、勇于自我牺牲的精神和高尚的情操，为了追求爱情，她不惜忍受巨大伤痛，甚至牺牲了自己的一切幸福和生命。德国作家格林的童话《渔夫和他的妻子》，写的也是美人鱼的故事，描绘了美人鱼守信和知恩图报的美德。我国古典戏剧《追鱼》和舞剧《鱼美人》，也都歌颂了美人鱼的善良、美丽和对爱情的纯真。总之，在许多民族和国家历代的文艺作品中，美人鱼一直是真善美的化身。

丹麦哥本哈根美人鱼雕像

丹麦艺术家爱德华德·艾里克森根据安徒生的童话《海的女儿》雕铸成一座美人鱼铜像，如今安放在丹麦首都哥本哈根的郎宁海滨公园里。这座美人鱼雕像披着一头美丽的长发，有着一双深情的眸子，无论晴天、雨天或夜晚，总是凝视着波涛滚滚的大海，沉思遐想，它的脸上似乎略带羞怯，眉宇之间似乎稍有忧郁，仿佛是在焦急地等待着它心爱的王子远航归来。美人鱼的形象是丹麦国家的标志，来到丹麦的游客，总要买点有关美人鱼方面的纪念品带回去。波兰首都华沙的维斯瓦河畔，有一座世界闻名的美人鱼雕像，那是一座高约2.5米的铜像纪念碑，美人鱼的上身半裸，五官端庄而清秀，肌肉丰满，下身的双腿分开，大腿边沿雕成鱼的鳞翅，腿的终端合成鱼尾，尾部上翘有力，它左手拿着盾牌，右手高举宝剑，双目注视着远方，姿势自然，造型结实而庄严，突出了美人鱼在文雅中的英武气概和美丽中蕴藏的坚贞毅力。

神话传说中的美人鱼，究竟是一种什么样的动物呢？这曾经是历史上的一大大的谜，引起了历代人们的极大兴趣和探求。经过历代许多科学家的长期调查和考证，才逐渐揭开这个谜，原来它是一种生活在海洋中的高等哺乳动物——海牛目的儒艮。

儒艮分布在中国、日本、东南亚以及印度洋沿岸国家的海洋里，它的身躯呈纺锤形，长约3～4米，重约400千克，体色灰白，遍身皮肤上稀稀拉拉地长着一些硬毛，脑袋光秃秃的，嘴巴朝下开，上嘴唇很厚。它的性情温和，从不伤人，不吃鱼虾贝类，专门吃海藻、海草之类的海洋植物。吃饱以后，就在岩礁旁似睡非睡地休息。雌儒艮有2个大乳房，长在胸鳍的下方，哺乳期乳房胀大。母儒艮喂乳时，有时侧卧在水面上，身子向外转，这样好让小儒艮吸住它的乳头。这时，那分叉很深的叉形尾鳍或可露出水面，或可接近水面，两片长大的胸鳍搂住儒艮——那形态，远远望去好像妇女在给小孩哺乳的样子，不明真相的人，往往误认它为"美人鱼"。

20世纪50年代至60年代初，每当春季，在舟山群岛的海面上，有时看到一种形象似人的鱼，抱着一个光头的"胖小孩"，出没于海洋之中，那就是有名的"舟山人鱼"。它的头圆圆的，有个不很明显的颈项，嘴和眼睛都很小，鼻孔生在头的两侧，身体也圆圆的。雌的人鱼胸部有1对突起的乳房，到了春天，常常抱着"小人鱼"露出海面，它的叫声似婴儿啼哭，远远看去，好像一个母亲抱着婴儿傲然挺立于海洋上。

海牛一般栖息在浅海中，产于加勒比海，在巴西大西洋沿岸也有它的踪迹。它浑身光滑无毛，皮厚达2.5厘米，头部粗大，长着1对小眼睛，没有耳朵，也没有耳道，蹄爪呈翅状，有较大的圆形尾巴。雌海牛的胸部有1对乳房，在怀仔时，乳房就发育长大起来。一般每2年繁殖一次，一次生1～2仔。母海牛在授乳时，用像人手一样的翅状蹄爪抱着小仔喂乳。由于人们站在很远的地方，没有看清海牛的躯体，往往把母海牛误称为美人鱼。

美洲巴西的牛鱼有2种：①种生活在北部的亚马孙河流域的，叫淡水牛鱼；②生活在北部沿海的，叫海水牛鱼。牛鱼在动物分类学上属海牛科，它的体型似鲸，又近似于海豚，呈流线型，一般长约3～6米，体重可达400～500千克，它的身体，特别是头部同牛有许多相似之处，胃也有4室，肉味鲜美，具有鱼肉与牛肉两种味道，营养价值很高，因此，被称为牛鱼。它的性情十分温和，从不恃强凌弱，能与其他水生动物和平共处，友好往来，当它身上有寄生虫时，一些鱼类就来为它打扫干净。它不易繁殖，雌牛鱼一生只产1仔，孕期为7个月。它的胸部长着2个乳房，如拳头大小，与女人的乳房位置相似。哺奶时，它用前身善于游泳的桨状两鳍抱着幼子，如妇女抱小孩一样，十分有趣。由于牛鱼是一种食水草的哺乳动物，最喜欢在水草多的地方生活，每当它露出水面时（尤其天气晴朗时，最喜欢露出水面来晒太阳），头上往往挂满水草，胸前大大的乳房也露出水面，远远望去，如同披着长发的女人，因此，古代航海家们戏称它为"美人鱼"。牛鱼的皮肤如同大象，据科学家考察，几百万年前，牛鱼和大象原是一家，它们的老祖宗都是以食草为生，后来由于自然界的变化，才分成两家。

据1981年1月29日出版的英国《自然》杂志发表的文章报道：加拿大两位科学家——莱恩博士和施罗德博士，用电子计算机对与美人鱼的出现有着制约关系的空气温度、海水温度，从海面到目击者眼睛的高度，以及目击者与被目击物的距离进行了试验。试验的结果揭开了古人看到美人鱼之谜：这是由于光线受到一种特殊的海洋气候的影响，人们远远看到的模糊不清的所谓"美人鱼"只不过是海象或鲸鱼等露出海面身体部分的光学变形。这两位博士解释说：当风暴来临时，海洋上空的冷空气层受到外来的热空气袭击，然后冷空气与热空气混合成一体，形成一个温度不断变化的新空气层。这个新形成的空气层如同使物体变像的透镜，使通过它的光线屈曲。因而，透过这种新空气层看东西，将会看到一个物体的光学变形。例如，在符合这两位博士所确定的标准天气里（即新形成的空气层里），他俩在温尼伯河上拍下了一张远远看去形似"美人鱼"的照片，跑到近处一看，其实所谓"美人鱼"原来是一块大石头，这是由于光学变形所造成的。

用工具的动物

以前，我们一直把是否会制造工具作为区分人类和动物的一条重要标志。但是，近些年来，动物学家们发现，一些动物也能使用工具以达到一定的目的。

黑猩猩是非常聪明的动物，很善于利用工具。坦桑尼亚的黑猩猩爱吃白蚁，但白蚁躲在洞穴里，黑猩猩的爪子够不着。于是黑猩猩找来一根小棍，插进蚁穴中去钓白蚁，小棍从洞穴中抽出来的时候，棍上已沾了一些白蚁。

日本东京乡摩动物园有许多黑猩

黑猩猩

猩，它们发现蚁巢的底部放着糖汁，就想弄来吃，但爪伸不进去。于是找一段树枝，用它蘸取糖汁舐食。当它们发现光滑的树枝蘸到的糖汁比较少时，还会把树枝的一端用牙咬碎，这样蘸的糖汁就多了。

在荷兰的阿恩海姆动物园里，黑猩猩的创造性令人注目。多数黑猩猩用前掌舀水喝，但有一只黑猩猩与众不同，它找来一只游客丢弃的旧塑料帽，便用它当杯子喝起水来。黑猩猩爱吃树上的新鲜树叶，为防止黑猩猩扯光树叶，动物园在树木四周围上铁丝网。黑猩猩们为吃上树叶，想了不少办法。它们有的用大圆木当梯子，有的用长棍抽打树枝，有的用石块砸。最后大家齐心协力搬来一个树桩，然后让其中一只爬到树

上摘叶子。非洲冈比亚的黑猩猩更是了不起。英国两名科学家在那里考察时发现，一只叫凯蒂的黑猩猩取蜂蜜时用了4种不同的工具。第一种工具是一根带有尖端的长树枝，凯蒂用它打穿蜂巢外部坚固的蜡层。接着，它改用一根较为细短但更尖锐的棍子，把洞挖得深一些。凯蒂使用的第三件工具是一根直径为1厘米的树枝，它将树枝弄成约30厘米长，然后用树枝将封闭的蜂巢捅开。最后，这只猩猩用一根细细的藤条捅进巢内，将黏稠的蜂蜜挑出来，放在嘴里美滋滋地吮吸。

美国亚特兰大灵长类研究中心驯养了一只名叫"肯西"的猴子，花了10年时间教它学习"手势语言"，效果还不错。这之后，两名专家决心教会肯西制造石头工具，结果功夫不负有心人，他们获得了成功。

猴子是相当聪明的，本来就会使用一些极简单的工具，如用树棍撬白蚁穴，用石头砸胡桃壳等。但这次是让肯西学会制造工具，无疑这是极为艰难的。不过，一开始就相当顺利，肯西用一天时间就学会了用尖锐的卵石片割断捆着香蕉盒子的绳子。第二步是要肯西学会制作这种尖锐的石片。实验室的地上铺的是水泥，很硬，肯西很快就想到了把石头使劲扔到水泥地上，将石块打碎，并挑选其中最尖的碎片作为割绳子的工具。后来，两名专家把实验移到室外，在野外训练肯西。那儿是一片泥土地，很松软。但肯西发挥了"推理"的天才，它用两块石头互相敲击，直至打

下一块锋利的石片。

非洲的白兀鹰经常使用工具。它爱吃鸵鸟蛋。于是，它发明了"高空砸蛋法"：用双爪抓住一块重 300 克左右的石头，飞到 80～100 米的高空松开双爪，让石头砸到鸵鸟蛋上，将蛋打破。白兀鹰选择的高度也是有讲究的，如果飞得太低，蛋打不破；如果飞得太高，将蛋打得一塌糊涂，就吃不到什么了；而从 80～100 米高度落下的石头恰到好处，将鸵鸟蛋砸开一条裂缝，里边的东西一点也没糟蹋。

西班牙的碎骨鹰巧妙利用重力，与白兀鹰的做法有异曲同工之妙。碎骨鹰爱吃动物骨头，但有的骨头很大，它咬不开。怎么办？碎骨鹰自有高招。它选择一块较平整之处，找来许多石块，一块接一块摆好；然后用爪子抓起骨头，飞到 100 多米的高空，瞄准地上的石头，松开爪子让骨头坠落下来。大骨头砸到石头上，被砸碎了，碎骨鹰就容易吃下去了。

在赤道附近加拉帕戈斯岛的树林里，有一种聪明的小鸟啄木莺。当它发现树洞里有虫子，但嘴巴够不着的时候，就会用喙折下一段干树枝，用树枝把虫子拨弄出来。如果嫌树枝太长，就用嘴折去一些，直到满意为止。如果觉得这树枝用得顺手，啄木莺还把它寄放在树洞里，以备以后再用。

南太平洋新喀里多尼亚岛上的乌鸦，其聪明程度更令人吃惊。新西兰的亨特博士到此考察，他发现乌鸦竟用起了成套工具。虽然这套工具只有 2 件，

乌　鸦

但制作精细，两件用的材料也不一样。其中一件工具是用从树上弄下来的细枝做成的，有一个主枝，头上分出一个小枝杈，叶子全部弄掉，其形状有点像人用的一根榛木拐杖；另一件工具是用较为坚韧的、带倒刺的露兜树叶做成的，在叶的倒钩处顺两边被一点一点"削"成一个约有 20 厘米长的锥形，很像医疗上用的探针。树干的孔穴内和树根的裂缝中是昆虫的藏身之处。亨特博士见乌鸦使用这两件工具在树上、树下忙得不亦乐乎。

是植物还是动物

在神秘莫测的海洋底部，栖息着许

许多多动物。有的动物色彩艳丽、婀娜多姿，犹如娇嫩的花卉，它们确实也曾经被误认为植物。

陆地上的菊花，只有秋季开放。而在浩瀚的海洋中，却有一种四季盛开不败的"海菊花"，它就是海葵。

海 葵

海葵属于腔肠动物，与其说是动物，倒不如说它更像娇艳的花朵。海葵形态繁多，有上千种，一般是圆筒状，体色艳丽。它靠强有力的底部吸盘附着于海泥沙或岩石上。在它的管腔上部有数条至上千条菊花瓣似的触手，在海中伸展时，一张一合，如花似锦。生活在温带海域里的海葵，体型较小，管腔的直径不超过5厘米。但是，热带海洋里的海葵体型很大，有的口盘直径有1米多。

海葵很贪食，它以单细胞藻类为主要食物，还捕食小鱼、虾、蟹和其他动物。海葵的触手上有一种刺细胞，小鱼和小虾一旦碰到触手，刺细胞即射出一种有刺激作用的液体，使小鱼虾麻醉，继而被触手卷入口中，成为海葵的美餐。

有些生物学家认为。海葵的寿命长

达300年，所以这"海菊花"可长开300年而不凋谢。陆上菊花则望尘莫及。

海绵常年静卧海底，不见它吃，不见它喝，更看不到它运动。它的体色也像花儿一样多彩，有大红、鲜绿、褐黄、乳白、紫色等。因此，人们一直相信它是植物。直到1825年科学家才确定海绵是动物。

海绵是多细胞动物中最简单的一类，但却有一个庞大的家族，达10000多种，占所有海洋动物的1/15。它的形状千姿百态，有片状、块状、圆球状、扇状、管状、壶状、树枝状，姿态万般，惹人喜爱。小海绵的质量仅几克，大的达4～5千克。有的海绵据说可活几百年。

海绵的捕食方法十分奇特，是用一种滤食方式。单体海绵很像一个花瓶，瓶颈上有无数小孔，这是它的入水孔。海水从这些小孔渗入瓶腔，然后由瓶口流出。在"瓶"内壁有无数的领鞭毛细胞，当海水从瓶壁渗入时，水中的营养物质，如动植物碎屑、藻类、细菌等，便被领鞭毛细胞捕捉后吞噬。

海 绵

海绵具有惊人的再生能力。有些海绵被磨成粉后再经过筛选，成了很细很细的小颗粒，却仍然具有顽强的生命力，过了不多久，又能形成新的群体。

海绵的用途十分广泛，如用于洗澡擦身，做油漆刷子，用作钢盔的衬垫和其他垫子，烧成灰能治疗脚病等。目前，有的国家正研究用海绵净化海水，以达到海洋环境生态平衡的目的。

在海湾水下的礁石上，长着许多绚丽的"花朵"，随海流轻轻漂动。其实，这些不是花儿，而是动物。由于它长得像陆地上的羊齿植物，因此人们叫它"海羊齿"。它是棘皮动物海百合家族中的一员，通常长有 10 个腕，腕臂柔软而有力，可以上下左右摆动，在海中游泳。它还会随水流而动，遇到合适的地方，攀住岩石或海藻，暂时定居下来。

羽毛星是海百合家族的另一成员。它色彩娇艳，姿态迷人，仿佛是用金银线编织而成的。它的羽枝随水流摆动，似随风摇曳的花枝，美丽极了。羽毛星的形体像个小杯子，中央有口，周围长有 5 条腕，腕中有食物沟，靠上面纤毛的摇动把浮游生物送入口中。

在水下管道、舰船的底部，往往有许多附生物——海鞘。它长年累月固定在一个地方，身体的外面还有一层植物纤维似的被囊，所以，过去人们一直把它当成植物，其实它是一种尾索动物。海鞘既不能食用，又不好玩，它们附生在水下管道中使管道中水流不畅；附着于舰船底部，会影响航速。因此，它是一种不受欢迎的动物。

然而，海鞘在动物学研究中却有特殊的价值。动物学家把地球上 150 万种以上动物分为 2 大类：无脊椎动物和脊椎动物。进化论认为，脊椎动物是由无脊椎动物进化而来的，但是，曾有不少动物学家不同意这种看法，两派意见一直争论不休。直到 100 多年前，科学家发现海鞘是介于脊椎动物和无脊椎动物之间的"桥梁"，这才证明：这两大类动物在进化上确实是有密切关系的。

珊　瑚

珊瑚是古今中外人士喜爱的"宝石"品种。它虽被列为宝石，但却不是矿物，而是海洋中一种珊瑚虫的骨骼。由于珊瑚的形态像树枝一样，在相当长的历史中，不少人把它当做一种海生植物。到 18 世纪初，还有人误认为珊瑚的触手是花。直到 1722 年，人们始知珊瑚不是植物，而是一种动物外壳——珊瑚虫分泌的石灰质骨骼。

珊瑚虫是圆筒状腔肠动物，居住在自己分泌的骨骼——珊瑚的小孔里。珊瑚虫自己不能移动行走，只能依靠管口上段的触手捕捉微生物，送到口中。口腔将食物消化掉，同时分泌出一种石灰质来营造自己的躯壳。珊瑚虫能靠无性生殖——分裂增生方法迅速增殖。为了追求食物和阳光，珊瑚就像树木抽枝一样向高处、向两旁生长，发展成为树枝状的群体。珊瑚五彩缤纷，姿态万千，有的像玲珑剔透的蜂巢，有的宛如玉树琼枝，有的酷似火树榴花，有的活像平滑的大蘑菇。

珊瑚以其天然的风姿，可作为装饰陈列之用，也可雕琢成饰品。珊瑚还是一味中药，具有镇静作用，主治惊、痫。

多奇的海豚

认人之谜

春天是美丽的，温暖的阳光，湛蓝的大海，吸引着无数游客，远处过冬的鱼虾也赶到岸边找吃的，大海又热闹起来了。

海 豚

故事就发生在 30 年前的这个季节里。

这一天，到新西兰奥波伦尼海滨游泳的人们特别高兴，因为有一些不平常的客人来陪他们一起玩了。

这些客人就是海豚。它们一开始只是单独玩耍，不敢接近人群。后来，游客们注意到它们有趣的动作，就纷纷向它们游去，好奇地观看着。海豚大概是感到没有任何威胁，就紧挨着人群，继续开心地玩起来。只见一只海豚用嘴把一片羽毛顶出海面，抛到空中，等羽毛落下来的时候，其余的海豚就玩儿命地游过去争抢。而得到羽毛的那只海豚就显得十分得意，骄傲地在伙伴们面前游来游去，但一不当心，嘴里的羽毛就被另一只海豚抢走了。于是，又掀起了一场羽毛争夺战。海豚们就这样你追我逐，你抢我夺，足足玩儿了 1 个多钟头，人们津津有味地观看着，特别开心。

打这以后，可爱的海豚们差不多天天都来玩耍，跟游泳的人们也渐渐熟悉了。

其中有一只海豚，特别受小朋友们的欢迎。它常常游到孩子们中间，跟他们一起玩儿球。孩子们用手托球，海豚没有手，就用嘴顶，而且顶得特别准，球还没落下来，它早就游过去等着啦。因此，孩子们十分喜欢这只海豚，并且跟它交上了朋友，还给它起了个名字叫做"奥波"。

奥波每天都来到岸边，跟孩子们玩

上6个钟头，然后就游到平静的海湾里找东西吃去了。有一个小女孩叫贝克尔，特别喜欢奥波，别的孩子有时候凶猛地冲向它，贝克尔却轻轻地抚摸它，所以她和它很快就成了最好的朋友。只要贝克尔一下水，奥波就离开其他小朋友，游到贝克尔身边，跟她一起玩。有一天，贝克尔两腿分开站在水里，奥波突然游到她腿当中，把她背了起来。这下儿可把贝克尔吓了一跳，以为是奥波要捉弄她呢。可奥波并没有恶意，它背着贝克尔在海上兜了一个大圈子，然后又把她带回到原来的地方，贝克尔开心极啦。别的孩子看了，特别羡慕，都想骑着海豚逛大海。有个男孩子猛地一把抓住奥波的背鳍，想骑到它身上去，可奥波怎么也不干，拼命扭动身子，把那个男孩摔了下去。奇怪的是，当贝克尔把那个孩子抱到奥波背上的时候，它却一动也不动，高兴地背着那个男孩在海上转了一大圈。这样一来，别的孩子都让贝克尔帮他们骑奥波去玩儿，贝克尔也特别乐意帮助小伙伴们，孩子们高兴极了。

这件有趣的事，很快就在小镇一带传开了。人们好奇地赶到海滨观看，沙滩上人山人海。为了保护海豚奥波的安全，当地人竖立起广告牌，政府还颁布法令，禁止伤害它。

海豚为什么有这样的本领呢？

这个谜一样的问题吸引了很多人。人们很想对聪明的海豚进行一番研究。

可有些人认为，海豚奥波的行为，是非常偶然的，根本不值得研究。

但是，几年以后，在苏格兰福恩湾又出现了一只奇特的海豚。人们给它起了个名字叫查理。有一支冲浪队在海湾里训练，聪明的查理很快熟悉了他们。它跟快艇后面的冲浪运动员进行比赛，而且同一个叫斯文森的女孩成了好朋友，友好相处了几个月。查理和奥波一样，给当地的人们带来了不少乐趣。

1968年8月，在前苏联的耶夫帕托里亚海滨，有一只小海豚也在那里整整待了1个月。它经常跟游泳的人一起玩耍，人们喂它鱼吃，抱着它，抚摸它，相处得特别亲热。人们给它起了个名字叫阿里法。它还常常游到码头附近，向坐在岸边垂钓的人要鱼吃，有意思极了。

看起来，能够认人，跟人交朋友的海豚确实不少，它们的行为绝不是偶然的。于是，人们决心揭开这里面的奥秘。

海洋生物学家们经过多年观察实验，认为海豚是一种非常聪明的海洋动物。在陆地上生活的黑猩猩和猴子，是人们公认的非常聪明的动物，它们的动作很像人，而且还能模仿人的一些复杂动作。可是要跟海豚比起来，它们就逊色多了。有人教猴子和海豚打开电源开关，猴子用手，也就是用前爪；海豚用嘴。训练结果是，猴子要教它几百次才会，而海豚只需用20次就行了。有一只海豚更能干，只训练5次就学会了。可见，海豚比猴子还要聪明。

它们为什么会这样聪明呢？

为了揭开这个谜，科学家们解剖了

一些死海豚，发现海豚的脑子特别大，而且很复杂。大家都知道，动物的脑子越大．结构越复杂，就越聪明。一只成熟的海豚，脑子的重量大约有 3.5 磅（约合 1.59 千克），这个重量，占整个海豚身体总重量的 1.17％，而黑猩猩只占 0.7％。再说，海豚的脑子也很发达，形状像核桃仁一样，上面有很多回转和深沟，跟我们人类的脑子很相似。所以海豚很聪明。

海豚为什么特别聪明这个谜好像是解开了。可是海豚认人光靠聪明是不行的，还要有识别目标的特殊本领。

那么，海豚的这种特殊本领是什么呢？

一开始，人们认为海豚是靠一双敏锐的眼睛识别目标的。为了证明这一点，科学家们让海豚在浑浊的水池里找鱼吃，结果不管水多浑，海豚每次都能迅速地找到鱼，从不走弯路。这说明海豚的视力确实敏锐。

但也有人认为，海豚能迅速找到鱼，不一定靠眼睛，也可能是别的器官在起作用。科学家们把海豚的眼睛蒙起来继续实验，结果，只要把鱼放到水池里，海豚虽然蒙着眼，照样能直接奔向目标。这就说明，海豚并不是靠眼睛来识别目标的。

科学家们又进行了很多次实验，发现海豚不仅听觉灵敏，而且有发出声信号和对声信号作出反应的能力。科学家们推断：海豚是靠声呐来探测目标的。什么是声呐呢，就是发射超声信号，再接收目标反射的回声信号，根据发出信号和接到信号的时间长短，回声信号传来的角度，回声信号的强弱，来判断目标的远近、方位、性质的一种装置，目前在潜艇和其他舰船上广泛应用。人们设想，海豚身上的声呐要比人造声呐精巧得多。它身上还有一台"微型电脑"，用来分析、监听和翻译各种回声信号。它不仅能判断目标的大小，而且还能判断目标的性质，这是人造声呐做不到的。

可是，海豚的声呐为什么这样灵巧？要彻底揭开这个谜，还有很多工作要做。

领航之谜

1871 年的一天，一位船长指挥的"布里尼尔"号航船，航行到离新西兰首都惠灵顿不远的地方，就要驶入伯罗鲁斯海峡了。同行们告诉船长，那里礁石如林、波涛汹涌，再加上浓雾迷漫，船行起来特别困难，弄不好就会船毁人亡。船长特别关照水手们，要加强瞭望，千万不要出差错。

"布里尼尔"号在船长的指挥下，驶入狭窄的海峡了，船员们一个个严守岗位，不敢有一点儿马虎。瞭望人员目不转睛地搜索着海上的动静，船在风浪和激流中艰难地航行着。突然，一个负责瞭望的船员喊了起来：

"船长，前面有礁石！"

这一喊不要紧，全船上下都被惊住了。人们提心吊胆，可千万别撞到礁石上啊！

船长镇定地站在驾驶室里，用望远

镜仔细地观察着目标，自信地说："别紧张，那不是瞧石。你们仔细看看，它在动呢，哪有礁石会动的事情。"

一个水手接过船长的望远镜观察了一会儿，也说："会动，那块礁石真的会动！"

"我看，那可能是一条鲸鱼在游呢。"船长又补充了一句。

听船长这么一说，一场虚惊才算过去。

"布里尼尔"号离那个黑点越来越近了，大家这才看清楚，原来是一条大海豚。

奇怪的是，这条海豚见船来了不但不游走，反而跟着一起航行，不一会儿工夫又游到前头，与"布里尼尔"号保持一段距离，就是不肯离去。

"这条海豚真有意思！"船长自言自语地说。

"船长先生，我看它好像在给我们领航呢。"正在操舵的舵工提醒说。

"领航？"船长也好像发现了什么。

"海豚能通过的地方，一定没有礁石，咱们先跟它走一段。"在船长的指挥下，航船紧紧地跟着那条大海豚前进。

海豚在水流湍急的航道上向前游着，灵活地避开一个又一个暗礁和险滩，带领着"布里尼尔"号，平安地驶出了海峡。

到达目的地以后，这件事就被水手们传开了。后来的船只也遇到了同样的事，只要跟着那条海豚航行，就能顺利通过海峡。海员们为了表达对这只海豚的感激之情，就用海峡的名称给它起了个名字："伯罗鲁斯·杰克"。后来就干脆叫它"杰克"。

杰克自愿为船只领航，把一艘又一艘船引过危险的海峡，勤勤恳恳工作了22年。没想到在1892年，却差点儿遇到杀身之祸。

那一天，有一艘叫"企鹅"号的航船经过海峡，船上的一个醉汉对着杰克连开几枪。枪声响过之后，杰克就无影无踪了。全船的人气坏了，把醉汉狠揍了一顿。

可爱的海豚杰克到底哪儿去了呢？

是受了惊吓躲起来了呢？还是受伤以后远走他乡了？要不就是中弹身亡，葬身海底了。失去了杰克，人们伤心极了。

没想到半个月以后，杰克又突然出现。和往常一样，继续为往来海峡的船只领航。但它的记忆力特别好，只要它一见到"企鹅"号驶过来，就远远地躲开了。"企鹅"号的水手们也纷纷到别的船上工作了。后来，这艘没有杰克领航的船，终于触礁沉没了。而其他的很多船只，却在杰克的帮助下，平安地在海峡里来来往往。

为了保护这只海豚，新西兰总督在1904年9月26日，发布了一项特别命令，严禁伤害在海峡内护送船只的海豚，违犯者罚款。

杰克为人们辛勤工作了41年之后，于1912年4月的一天突然不见了。从此就再也没有见到它，它永远地消失了。

为了纪念这只为人类造福的海豚，人们在新西兰首都惠灵顿为它修建了一座纪念碑。

海豚杰克为什么会领航呢？

为了解这个谜，有人专门查阅了当时的文献和报刊，询问了当时的海员，了解到海豚杰克在伴随船只一起行进的时候，常常用身子擦船舷、蹭船底，认为这就是它接近航船的原因。

也有的学者推测，海豚所以对航船感兴趣，是因为它能用自己的身体去蹭光滑的船壳，或者喜欢在航船激起的浪花和水流里玩儿，这样会使它的皮肤感到舒服。

但事情真是这样吗？海豚在船前头领航又怎么解释呢？

所以，这还是一个没有彻底揭开的谜。

救人之谜

1964 年，一艘名叫"南阳丸"的日本渔船在海上沉没了。船上的 10 名船员中，有 6 个人很快就被淹死了。另外 4 名船员在风浪中拼命地游着，几个小时以后，他们累得筋疲力尽，再也游不动了。没想到，就在他们快要淹死的时候，2 条海豚向他们游了过来，船员们好像看到了一线生的希望，他们试着用最后一点儿力气抓住海豚，谁知这 2 条海豚不但不游走，反而往下一沉，自动地游到船员们的身体下面，好让他们骑在自己背上。等船员们骑上海豚以后，它们又慢慢浮出水面，一直把船员安全地送到岸边。

2 年以后的一天，一艘保加利亚货船正在黑海上航行，一名船员突然不小心掉到海里。他在风浪中挣扎着，货船上的水手们急得束手无策，因为风浪实在太大了。就在这危急时刻，游来了一群海豚，它们围成了一个圆圈，把落水的船员托出水面，直到船员们把他救上货船，才逐渐离开。

1981 年 1 月底，一艘轮船在爪哇海上失火了，熊熊大火吞没了整条船，一些旅客不愿看着孩子们被火活活烧死，把 3 个孩子抛到海里，留给他们一线活的希望。3 个孩子一落水，就有一群海豚游了过来，把孩子们托到了救生艇上。而这些孩子的爸爸妈妈，却在这场大火中死去了。

海豚不但救助落水的人，而且还发生过海豚救鲸群的新鲜事儿。

1983 年 9 月的一天清晨，在新西兰北岛的海滩边，人们发现了 8 条巨大的抹香鲸。它们静静地躺在沙滩上，默默

抹香鲸

地等待死亡。

前来考察的动物学家罗伯逊博士发现这一情况后，立即动员附近小学的所

有师生参加抢救。但是，无论大家怎样推，巨鲸就是不向海中去。正在为难之时，远方出现了一群海豚，它们飞快地朝海滩游来。海豚来到巨鲸身边，发出吱吱的叫声，同时用身体轻轻地碰擦巨鲸，好像在安慰它们。奇怪的是，巨鲸一见海豚如此"热情"，便转头游向大海，然后随海豚一起向远处游去。

为什么海豚会来抢救濒临绝境的巨鲸？为什么巨鲸会乖乖地服从海豚的指引？至今人们还不了解其中的秘密。

海豚救人，海豚救鲸群，这些离奇的行为使科学家们迷惑不解。

海豚为什么要这样做？它们是怎样知道人和抹香鲸处境危险需要帮助的？这些疑问现在还没有一个圆满的解释。

游动健将

你知道关于海豚的"格雷怪论"吗？1936 年，英国研究水生动物运动的科学家格雷发现，海豚的游动速度远远超出了它的肌肉所能胜任的限度，根据计算推出的结论是，海豚游动的时速不可能超过 20 千米，而事实上海豚在水中的速度可达 40～48 千米/时。这究竟是怎么回事呢？格雷当时提出 2 种推测，①海豚的肌肉可能具有超自然的高效率，比一般哺乳动物的肌肉强 6 倍；②海豚可能有某种奇怪的方法可减少水的阻力，这就是被人们称为的"格雷怪论"。

后来的事实证明，格雷提出的第一种可能是不存在的。而格雷提出的第二种可能却被美国的马·克拉默通过实验所证实。克拉默用普通外壳板制成了一个与海豚大小和形状相同的模型，他发现在水中二者运动时，海豚受到的阻力比模型要小 9/10。海豚的皮肤富于弹性，不沾水，高速游动时可减少阻力。

那么海豚减少水中阻力的生理机制又是怎样的呢？对此的推测、假说颇多。可谓众说纷纭。有人认为海豚的皮肤能分泌一种润滑剂，而事实上海豚连皮脂腺都没有，更谈不上有分泌物了。还有人认为海豚的皮肤常脱落表皮，从而也清除了身上的附着物，使得前进速度不受影响，但这种说法也并非无懈可击。还有人认为，海豚在高速游动时，热量从皮肤上一点点传导下去，这样能减少身体周围形成的紊流。还有一种假说是，海豚的皮肤表面能减少水的阻力，一旦前进速度提高，可消除紊流现象。

克拉默试图从海豚的皮肤结构中寻找减少阻力的答案。他发现，海豚的皮肤由 1.5 毫米左右的极软的海绵状表皮和 6 毫米厚的致密而结实的真皮构成，这种皮肤结构可像减震器一样，有效地防止身体表面产生紊流，使之快速前进。克拉默人工仿制了一种海豚皮，并把它套在鱼雷模型上，结果它在水中受到的阻力比普通模型小 60%。

但是，人工仿制的海豚皮终究不如海豚的皮肤，前苏联的女科学家尔·舒尔金娜分析说，这是因为海豚有大量神经通向皮肤，能积极地操纵皮肤。而且这些肌肉收缩时，整个皮肤层都能活动，使体表肌肉此起彼伏，呈波浪状，以便减少水中阻力。

海豚高速游动的原因是否是如上所述，还有待于生物学家们的进一步研究和证实。

睡眠之谜

大千世界，无奇不有。按说，动物运动了一段时间，就会疲劳，就需睡眠。任何动物在睡眠时总有一定的姿势，这时身体的肌肉是完全松弛的。可海豚却从未出现过肌肉完全松弛的状况，难道海豚不睡觉吗？

美国动物学家约翰·里利认为，海豚是利用呼吸的短暂间隙睡觉的。这时睡眠不会有呛水的危险。经多次实验，他还意外地发现，海豚的呼吸与其神经系统的状态有特殊的联系。里利在自己的著作中记载了这一发现：把海豚放在一张实验台上，然后给他注射一定量麻醉剂，剂量是每千克体重约 30 毫克。半小时后，令人沮丧的后果发生了：海豚的呼吸变得越来越弱，最后死了。以后的实验证明，海豚不宜注射麻醉剂，否则会死亡。

为什么会有这种现象？初步的解释是，海豚是在有意识的状态下睡眠的。因而对海豚的神经系统施加轻度影响，必然导致海豚死亡。

海豚的睡眠之谜，引起了研究催眠生理作用的生物学家的浓厚兴趣。他们通过微电极来统计海豚入睡后的状况。结果表明，海豚在睡眠时，呼吸活动依然如故。与其他动物不同的是，海豚在睡眠时依然游动，并有意识地不断变换着游动的姿势。进一步的研究证明，睡眠中的海豚，其大脑两半球处于不同状态。一个半球处于睡眠状态时，另一个却在觉醒中；每隔十几分钟，它们的活动状态变换一次，很有节奏。正是海豚大脑两半球睡眠和觉醒的交替，维持着正常呼吸的进行。而麻醉剂一下子破坏了大脑两半球的正常平衡，使之都处于休眠状态，从而阻塞了呼吸的进行。

到目前为止，人们仍没有真正看到睡眠中的海豚。但科学家们正在作出极大努力。他们坚信，研究海豚的睡眠，必将为揭示人类睡眠之谜提供新的启示。

为自己疗伤的动物

动物们有自己给自己治病的本领。有些动物会用野生植物来给自己治病。

黑熊

春天来了，当美洲大黑熊刚从冬眠中醒来的时候，身体总是不舒服，精神也不好。它就去找点儿有缓泻作用的果

探索未知世界之旅丛书
TANSUO WEIZHI SHIJIE ZHILV CONGSHU ....

实吃。这样一来，便把长期堵在直肠里的硬粪块排泄出去。从此以后，黑熊的精神振奋了，体质也恢复了常态，开始了冬眠以后的新生活。

在北美洲南部，有一种野生的吐绶鸡，也叫火鸡。它长着一副稀奇古怪的脸，人们又管它叫"七面鸟"。别看它们的样子怪，可会给自己的孩子治病。当大雨淋湿了小吐绶鸡的时候，它们的父母会逼着它们吞下一种苦味草药——安息香树叶，来预防感冒。中医告诉我们，安息香树叶是解热镇痛的，小吐绶鸡吃了它，当然就没事儿啦。

热带森林中的猴子，如果出现了怕冷、战栗的症状，就是得了疟疾，它就会去啃金鸡纳树的树皮。因为这种树皮中所含的奎宁，是治疗疟疾的良药。

贪吃的野猪到处流浪，它如果吃了有毒的东西，又吐又泄，就会急急忙忙去寻找藜芦草。这种苦味有毒的草含有生物碱，吃了以后引起呕吐，野猪的病也就慢慢儿地好了。你看，野猪还知道"以毒攻毒"的治疗方法呢。

在美洲，有人遇到了一只长臂猿，发现它的腰上有一个大疙瘩，还以为它长了什么肿瘤呢。仔细一看，才发现长臂猿受了伤。那个大疙瘩，是它自己敷的一堆嚼过的香树叶子。这是印第安人治伤的草药，长臂猿也知道它的疗效。

有一个探险家在森林里发现，一只野象受伤了，它就在岩石上来回磨蹭，直到伤口盖上一层厚厚的灰土和细砂，像是涂了一层药。有些得病的大象找不到治病的野生植物，就吞下几千克的泥灰石。原来这种泥灰石中含氧化镁、钠、硅酸盐等矿物质，有治病的作用。

在乌兹别克斯坦，猎人们常常遇到一种怪事儿：受了伤的野兽总是朝一个山洞跑。有一个猎人决定弄个水落石出。有一天，一只受伤的黄羊朝山洞方向跑去，猎人就跟踪到隐蔽的地方观察，只见那只黄羊跑到峭壁跟前，把受伤的身子紧紧贴在上面。没过多久，这只流血过多、十分虚弱的黄羊，很快恢复了体力，离开峭壁，奔向陡峭的山崖。猎人在峭壁上发现了一种黏稠的液体，像是黑色的野蜂蜜，当地人管它叫"山泪"，野兽就是用它来治疗自己的伤口。科学家们对"山泪"进行了研究，发现里面含有 30 种微量元素。这是一种含多种微量元素的山岩，受到阳光强烈照射而产生出来的物质，可以使伤口愈合，使折断的骨头复原。用它来治疗骨折，比一般的治疗方法快得多。在我国的新疆、西藏等地区，也发现了多处"山泪"的蕴藏地。

温敷是医学上的一种消炎方法，猩猩也知道用它来治病。猩猩得了牙髓炎以后，就把湿泥涂到脸上或嘴里，等消了炎，再把病牙拔掉，你看猩猩还是个牙医呢。

温泉浴是一种物理疗法。有趣的是，熊和獾也会用这种方法治病。美洲熊有习惯，一到老年，就喜欢跑到含有硫黄的温泉里洗澡，往里面一泡，好像是在治疗它的老年性关节炎；獾妈妈也常把小獾带到温泉中沐浴，一直到把小獾身上的疮治好为止。

野牛如果长了皮肤癣，就长途跋涉来到一个湖边，在泥浆里泡上一阵，然后爬上岸，把泥浆晾干，洗过几次泥浆浴以后，它的癣就治好了。

更让人惊奇的是，动物自己还会做截肢手术呢。

1961年，日本一家动物园里的一头小雄豹左"胳膊"被一头大狗咬伤，骨头也折了。兽医给它做了骨折部位的复位，上了石膏绷带。没想到，手术后的第二天，小豹就把石膏绷带咬碎，把受伤的"胳膊"从关节的地方咬断了。鲜血马上流了出来，小豹接着又用舌头舔伤口，不会儿，血就凝固了。截肢以后，伤口渐渐地长好了，小豹给自己做了一次成功的"外科截肢手术"。小豹好像知道，骨折以后伤口会化脓，后果是很危险的。经过自我治疗，就会保存自己的生命。

人们发现，一只山鹬的腿被猎人开枪打断后，它会忍着剧痛走到小河边，用它的尖嘴啄些河泥抹在那只断腿上，再找些柔软的草混在河泥里，敷在断腿上。像外科医生实施"石膏固定法"一样，把断腿固定好以后，山鹬又安然地飞走了。它相信，自己的腿会长好的。

昆虫学家曾经仔细观察了一场蚂蚁激战：一只蚂蚁向对方猛烈袭击，另一只蚂蚁只是实行自卫防御，结果它的一条腿被折断了。原来这不是一场真正的格斗，而是蚂蚁在给受伤的同伴做截肢手术呢。

除此以外，不少动物还能给自己做"复位治疗"呢。

黑熊的肚子被对手抓破了，内脏漏了出来，它能把内脏塞进去，然后再躲到一个安静的角落里，"疗养"几天，等待伤口愈合。

如果青蛙被石块击伤了，内脏从口腔里露了出来，它就始终待在原地不动，慢慢吞进内脏，3天以后就身体复原，能跳到池塘里捉虫子啦。

动物自我医疗的本领，引起了科学家很大的兴趣。

它们是怎么知道这些疗法的呢？现在还没有一个圆满解释。

恐龙仍然存在吗

中国传说中的龙的模样十分古怪，真正的龙到底是怎么样的呢？

现代的科学家已经找出了龙的化石，那就是各种不同的恐龙。这一种庞然大物，有人说已经绝迹，但是，根据种种的资料显示，这种巨龙却依然有可能存在在这一个世界中。

在这篇文章中，将为大家介绍一些有关现存的龙的传说。

目前，世界上最著名的有关恐龙的传说，就是尼斯湖的怪兽。

有关尼斯湖出现的怪兽，很多专家却认为是一条巨大的龙。美国的沙克博士和英国的海军当局，自1960年代开始至今，都一直在尼斯湖一带拍摄，英国海军更曾多次派遣小潜水艇潜入湖中搜索，但是，迄今为止，仍未能找到答案。

但是，大多数的科学家都相信，尼

尼斯湖怪兽

斯湖中的怪兽，是古代中的一种长颈龙。

尼斯湖怪兽的故事，在很多文章中已经有详细的介绍，所以，这里不再详细讲。

在1967年，印度北部喜马拉雅山，亦都传说发现了古代的龙，有关这方面，倒值得介绍一下。

1967年9月末，一个印度北部州立森林区管理营林官马路耶和一个森山的向导沙福，一起到喜马拉雅山的深山中调查草药。

他们两个人由勒古兰市出发，来到了印度和尼泊尔、中国国境交界的兰特比兹山麓。在这一个湖东方的托里斯诺山中，有一个神秘的湖布古兰。

根据传说，这个布古兰湖是过去希哲教徒们祭神的地方。在传说中，这个布古兰湖有一条巨大的龙，这条龙专门吃掉祭品。而根据记载，藏在这一个神秘的湖中的死人骨，共有几千具之多。

这条巨龙，据说凶猛非常，如果不祭祀话，龙会飞上天空，并且飞入村庄中，吃掉村民。

不过，有关龙的出现，在最近已经没有人再提及了。

马路耶和沙福两个人，沿着布古兰湖向着西藏的卡尔特通去，那里是一条十分险峻的山道——拉玛教徒在这条山道上通过，有时，几年也没有一个人经过。

他们两个人沿此向北大约走了110千米，突然间遇上了暴风雪。

在喜马拉雅山区，这种突然而来的暴风雪是十分骇人的，很多的登山者就是因为遇上了这种暴风雪，以至死无葬身之地。

两个人在惊慌之余，四处找寻避难之所，终于，他们发现了一个天然的山洞。

由这一个山洞向内进，那里，有一个很大的峡谷，十分意外地，马路耶发现里面有一个很大的地底湖。

那一个地底湖，水十分地清晰，突然间，沙福大叫一声，把马路耶吓了一跳。

沙福叫道："你看，怪兽，那不是一条古代出现在布古兰湖的巨龙吗？"

马路耶沿着沙福所指的方向看去，也吓了一大跳。

在那地底湖的湖面上，有一个很巨型的怪兽头露了出来，那是一条古代的龙，和书上所描绘的龙形状一模一样。

根据马路耶和沙福事后向有关方面的描述，这一条龙全身约 25 米，全身发出一种闪亮的古铜色，两只眼睛有如一个巨大的铜铃，闪闪生光。

那一支怪兽出现了一瞬之后，马上潜回了湖中，它潜下的时候，湖面上出现了巨大的波浪，可以显示出，这一条巨龙，重量十分惊人。

沙福和马路耶两个人后来悄悄地退出山洞，等到大雪停止以后，两个人马上下山，然后，向有关的当局报告了这件事。

有关这一次惊人的发现，很快就被通讯社发报到了世界各地。

西德的考古学家梅雷尔博士，对这一次的发现十分感兴趣，在同年的 11 月，他即和助手到达印度。

他和马路耶详细地倾谈过以后，认为马路耶的说话可信程度甚高，因为他并无必要说谎来耸人听闻。

在第二年的 5 月，梅雷尔带领了一支探险队，在马路耶的带领下，依照他所指示的力向，出发找寻。

他们花了 1 个月的时间，才再次地找到了那一个地底湖。

这一个地底湖面积大得惊人，梅雷尔博士曾经测试过湖的深度，发现深不见底。

惟一和马路耶所描述有不同的就是，湖的水并不是十分清晰，而是一旦进入以后，能见度非常之低。

梅雷尔和其他人员，在这里逗留了 1 个多月的时间，但是，遗憾的就是，并没有再睹这一条巨龙。

梅雷尔博士不仅是一个考古学家，他本人又是一个研究古代龙的专家。

根据他表示，龙并不是人类想象中的一种怪兽，他并且相信，直至 14 世纪为止，在欧洲的全境依然有龙的踪迹存在。

根据中古时代所遗留下来的记录，在过去的阿尔卑斯山，牧童和山地中的农民就曾经遇上了巨龙的袭击，而且，他们曾经一起合作，击败了巨龙。

这一类记录，在欧洲多国的历史中都有记载，可见，那并不是捏造，而是有一定的事实根据的。

此外，在现在的哥莫特岛上，仍然有一种十分小型的龙，那一种龙就叫做哥莫特龙。其实，它是一种十分巨大的蜥蜴，以吃地上的昆虫为生。

在古代希腊的历史中，也有很多杀龙的记录。

亦有两种说法，认为古代的所谓龙，其实是一种十分巨大的蛇，那一种蛇有一些很厚的鳞甲，而且，它们可以把整个人，甚至一只牛吞入肚中。

梅雷尔博士则认为，而中世纪时代所传说的龙，其实并不是现在所说的恐龙，而是一种古怪的动物，就叫"龙"。

此外，日本的江户时代后期，亦有一篇木原石写的《云根志》，在记录中也提及在岐阜县有条龙，而且，还发掘出一个可以站得下 7 个人的龙头，而且，这条龙的牙长达 10 厘米。

博士认为，所谓龙，其实是并不神秘的一种生物。

一般相信，目前所有在世界上的龙，大部分都生存在一些庞大而深不见底的湖之中，这些龙以吃水中的生物为生，当然，剩下的龙并不太多。

变身有术

神话小说《西游记》令人百看不厌，其中一个重要原因是作者十分离奇地描述了佛妖之间的变身术。如今，国内外大型魔术中的人体分解，如留头、去脚或一分为二等表演，往往令观众惊叹不已。当然，前者是虚构的神话，而后者是迷惑观众的魔术，并非确实存在。而在动物世界里，从最低等的单细胞原生动物到高等的哺乳动物，它们为了在弱肉强食的斗争中求得生存，确实具有巧妙的变身术。

神通的变形虫

单细胞原生物中的变形虫是最低等的变身动物。它是靠不断地改变体形捕食为生的。其实，自然界中生活着许许多多这种神通广大的小虫。

最近，美国佛罗里达州立大学的格林博士发现，有一种小蛾子的幼虫会根据季节的不同，把自己的身子变成花穗状或叶子状，与其所栖居的植物形状十分相似，使鸟类、食肉昆虫等天敌真假难分，无从下手。这种小蛾子在春、夏季各繁殖一次。春季孵出的幼虫以蛾眉豆的花穗为食，它们的身子就是花穗形状；到了夏天，蛾眉豆已不存在花穗，

此时孵化的幼虫以嫩叶为食，其身子则变成叶子状。这种惟妙惟肖的变身法，可以说是绝无仅有的。格林博士从温度、光周期、食物三个方面探索其变身的原因，结果发现决定幼虫变身的是花穗或叶子，因为它们都含有鞣酸。至于鞣酸使幼虫变身的机制，至今还是个谜，有待于科学家作进一步的研究。

棘皮动物的分身有术

棘皮动物包括海星、海参、海百合、蛇尾和海胆5个类群。其中海胆因为已经拥有坚硬有刺的石灰质胆壳保护，没有自然敌害敢惹它们，所以没有必要再发展"分身术"御敌；另外4个类群都有分身术本领，尤其是海星和海参更为突出。

海星

海星是食肉动物，主要吃双壳的软体动物。种类很多，已知的约有1200多种。它的身体像个五角星，呈辐射状对称。扁平的体盘上有粗壮的腕，腕的数目随种而异，一般是5个，也有4个或6～8个的，也有10多个的，最多的

海 参

可达 50 个。腕的下方有数排末端具有吸盘的管足。平时，海星一动不动地静伏在海底，或缓慢地在海底前进。一旦碰上牡蛎等猎物，马上用强壮的腕把它抓住，再用有吸盘的管足把紧闭的贝壳使劲拉开，这种拉力可达 10 牛顿（相当于 1000 克以上）。然后慢慢地将胃翻出体外，挤入贝壳内消化牡蛎的身体。

海星的胃口很大，每天要吞食 20 多只牡蛎，对沿海地区贝类养殖业危害很大，所以渔民十分痛恨它们，抓到了就切成几块，扔进海里。真想不到，这反倒帮了海星的忙，海星不但没有死去，那些"碎尸"变成了更多的海星，变本加厉地危害贝类。海星具有极强的再生能力，失去一条腕能生出一条腕，甚至只剩下一条腕，也能重新长成一只完整的海星，只不过再生的腕比原来小些，形状也稍有不同。正因为如此，海星与敌害搏斗时，往往会自动脱落被咬住的一个或几个腕，匆匆而逃，不久又长成了一个完整的个体。

海参俗称"海黄瓜"，是大家熟悉的一类底栖棘皮动物。全世界已知的约有 1100 种，它们虽然行动迟缓，进攻能力不强，可是它们在遇到敌害侵犯时，会施出 2 种不同的巧妙"分身术"：①"自切"绝技，如锚海参等种类在遇到强烈刺激时，身体会自动地断裂成几段，以后每段都能逐渐长成一个完整的海参；②更奇妙的"排脏"绝技，就是能将又黏又长的肠子、像树枝般的呼吸树和生殖腺等内脏，一下子从肛门迅速排出，以此来迷惑或转移敌害的视线，自己趁机逃走。失去内脏无伤海参的大体，经过一段时间的养息，它又会重新长出一套内脏来。在海参中，要数刺参的"排脏"避敌技能最高。

各有绝招的海鱼

海洋中的刺河豚，浑身的鳞片变成了棘刺，平贴在体表。遇上惊吓或敌害来犯时，它们便快速冲到海面，急急忙忙大口大口地吞咽空气，使整个身体迅速变成一个球形，棘刺也向四面八方伸展竖起，腹部朝上，漂浮在水面上。其尊容使空中的海鸟，水里的鲨鱼都不敢靠近。有时，一些不识相的鱼儿也会碰它一下，结果是头破血流，叫苦连天。等到危险一过，刺河豚又恢复了本来面目。

生活在热带海洋中的外科鱼，在它肥胖的尾柄两侧，长着两根尖针似的硬刺。平时刺缩入皮肤下的一条沟里，遇到敌害时便马上从侧沟内伸出，随着尾巴左右不断地摇摆，如果敌客还敢进一步逼近，就会被刺破皮肉，鲜血直

旗鱼

流了。

大名鼎鼎的旗鱼，生活在热带和亚热带海域中，它的游速可超过100千米/时，堪称鱼类中的游泳冠军。这种鱼长得很怪，主要表现在2处：①上颌向前突出成尖长的剑状吻，为强有力的攻击工具，能将木船戳穿；②第一背鳍特别长而高，形状似船帆，能够自由升降，如果要减慢游泳速度就将它高高竖起，如果要加快游速避敌或捕食，就将它收拢在背部下陷的沟里。不了解内情的人，看到旗鱼升降帆状背鳍时的不同体态，往往会误认为是两种鱼呢？

颌针鱼的幼鱼在海上活动时，如果遇到敌害或船只驶近时，会立刻装死，变成僵直状像海藻的叶片，一动也不动地漂浮在海面上。

动物会复仇吗

在我国四川省的峨眉山，有一群活蹦乱跳的野生猴子。它们给来旅游的人带来了很多乐趣。但谁要是伤害了它，它就记在心里，找机会报复。有一天，一个小伙子抓着一把花生逗猴玩儿，他一边逗一边说："来啊，来吃啊！"一只猴子连忙跳过来，小伙子却一颗花生也没有给它。猴子急了，猛地跳上去抓破了小伙子的手，花生也撒了一地，逗得旁边的人哈哈大笑。小伙子恼羞成怒，也急了，顺手抄起一根木拐杖，向正在吃花生的那只猴子横扫过去。猴子被打得"吱吱"乱叫，拖着受伤的腿逃进了树林。它的腿被打断了，成了一只跛猴。

转眼到了第二年，那个打猴的小伙子又来了。当走到仙峰寺的时候，看到路中间坐着一只猴子，正向来往的游人要吃的。这只猴就是去年被小伙子打伤的，它一眼就认出了仇人，急忙一跛一跛地躲在一边，当小伙子从它旁边走过的时候，跛猴冷不防扑了上去，狠狠地咬了小伙子一口，疼得他"哎哟哟"直叫，腿肚子被咬得鲜血直流。他转身一看，那只猴子已经上了树，向他做鬼脸呢。打猴的小伙子这才恍然大悟，原来猴子是来报复他的。谁让他不爱护野生动物呢。

在重庆动物园里，曾有一只金丝猴王，它好像认为自己血统高贵，脾气暴

金丝猴

躁，动不动就咬伤饲养员。有一次饲养员送食物慢了点儿，猴王就跑过来抓破了饲养员的手。饲养员为了惩罚它，就拿起竹条，在它的屁股上狠狠抽了几下，猴王觉得丢了面子，把这件事记在心里。过了几天，这位饲养员调走了。半年以后，他回到动物园看望饲养过的金丝猴。没想到的事发生了，猴王从人群里认出了打过它的饲养员，想报复又找不到东西，就拉下一个粪团，向饲养员的头上扔去。猴粪弄了他一脸，叫人真是哭笑不得，金丝猴王却得意极了。

在美丽的云南西双版纳，经常有野生大象出没，它们是我国的保护动物。这一天，一个猎人发现一只鹿正在河边饮水，就举起猎枪瞄准，就在他刚要开枪的时候，突然传来一声怒吼，吓得他魂飞魄散。回头一看，只见一头大象正向他走来。猎人认出来了，自己前几天用枪打过这只象，可是没打中，它这是复仇来了。猎人慌忙调转枪口向大象射

击，心里发慌，没有打中。大象愤怒地向他飞奔过来，猎人转身就跑，不料被野藤绊了个跟头，手里的猎枪也给扔了。大象上去一脚就把猎枪踩断了，用鼻子卷起来抛得老远。猎人乘机从地上爬起来，没命地逃跑，复仇的大象穷追不舍，把猎人逼到了山崖跟前。他急忙抓住一根粗藤，想爬上陡崖逃命。大象扬起鼻子，把猎人卷了起来，使劲儿抛了出去，随着一声惨叫，猎人被摔死在悬崖底下。这就是偷猎野生动物的人的下场。

在西双版纳有一个村子叫刮风寨，寨子边有一条小河。有一天，一只母象带着一只小象到河里洗澡，小象见到水特别高兴，撒起欢来。当大象母子玩得正开心的时候，被寨子里的几个猎人发现了，端起猎枪就打，可怜的小象刚爬上河岸，就被打倒了。母象立刻狂怒起来，嗥叫着跑上岸来，用鼻子抚摸着小象的伤口，悲愤极了。它一会儿又跑又跳，高声咆哮着，一会儿又用鼻子把小树拱倒，直到筋疲力尽才依依不舍离开小象，一步一回头地向密林深处走去。

两天以后，这只母象带着十几头大象复仇来了，象群冲进刮风寨的时候，寨子里的青壮年人都到山上干活去了。留在家里的老人和孩子只好四处逃命。大象也不追赶，却把寨子里的竹楼拱了个天翻地覆，然后大摇大摆地走进森林。等村民们回到寨子里之后，都责怪那些偷猎大象的猎人。

在印度，也曾发生过这样的事情。

有一群经过驯化的大象驮运货物进城，卸下货物之后，其中一只大象在路边散步。当路过一家裁缝店的时候，大象好奇地把鼻子伸进窗口。一位正在做衣服的缝纫土人随手扎了象鼻子一针。大象急忙缩回鼻子走了。没想到几个月以后，这只大象又来了，它在街心喷水池吸足了一鼻子水，来到这家裁缝店窗前，把那个缝纫工人喷成了个落汤鸡，然后扬长而去。

在印度，还发生过豹子报复猎人的事件。居住在卡查尔大森林的一个猎人，在上山打猎的时候，杀死了2只还在吃奶的小豹子。这下激怒了母豹，它偷偷地跟在猎人后边，记住了他的住处，等待机会报复。2天以后，这个猎人的妻子到靠近森林的田里干活，还带着一个2岁的儿子。正当猎人妻子低头干活的时候，忽然听到孩子的呼叫声。抬头一看，只见一只豹子叼着她的孩子，飞快地向森林跑去，她拼命地又叫又追，也没追上。

3年过去了，那个猎人在山上打死了一只母豹，在豹穴里有2只幼豹和一个活着的男孩。仔细一辨认不要紧，这个"豹孩"就是他3年前被母豹抢走的儿子。这是母豹对他的报复。

在动物世界里，野牛的报复心理也很强。在非洲的肯尼亚，有个土尔坎族的居民，名叫阿别亚，他刚学会使用猎枪就去打猎。他躲在山坡的灌木林里伏击野牛，等啊等啊，果然发现了一头，他举枪就打，击中了野牛的肚子。受伤的野牛逃走了，阿别亚

野 牛

在后面紧紧追赶，但野牛还是躲进了森林。阿别亚还是不死心，就沿着野牛的血迹跟踪，边追边看地上的血迹，有时候看不清楚，他就弯下腰在地上仔细寻找。正在这时，受伤的野牛找到复仇的机会，从背后冲了过来，阿别亚还没来得及直起腰来，就被撞倒在地，野牛用头死死地顶着他，直到把他顶死才罢休。

在沙特阿拉伯，有个油坊老板，养了一头老骆驼。有一次，老板做生意赔了本钱，满肚子怨气，回到家就用鞭子抽打骆驼撒气。几个月后的一天夜里，那头挨打的骆驼走出骆驼棚，悄悄来到主人的帐篷外，站了一会儿以后，就突然冲进帐篷，向主人的床铺扑去，幸好当时油坊老板不在家。老骆驼愤怒极了，就把主人的被子撕咬成碎片，这还不解气又把主人用的餐具踏得粉碎，这才心满意足地出走了。

动物的报复心理是怎样产生的呢，它们的报复行为又怎么解释呢？但现在还没有一个圆满的解释，需要科学家们继续研究和探讨。